AF282019

CON-CIENCIA DE DATOS:
TRAS LAS PISTAS DEL CONOCIMIENTO

Rocío C. Romero Zaliz

CON-CIENCIA DE DATOS:
TRAS LAS PISTAS DEL CONOCIMIENTO

Granada
2024

© La autora
© Universidad de Granada

ISBN: 978-84-338-7450-4. Depósito legal: GR./1359-2024
Edita: Editorial Universidad de Granada
   Campus Universitario de Cartuja. 18071 Granada
   Telfs.: 958 24 39 30 – 958 24 62 20
   web: editorial.ugr.es

Maquetación: CMD. Granada
Diseño de cubierta: Tarma. Estudio Gráfico
Imprime: Printhaus. Bilbao

Printed in Spain / Impreso en España

Contenido

Prólogo

Datos para compartir conocimiento, datos para comprender la vida

Los datos son al siglo xxi lo que el oro supuso para la humanidad 4.000 años a.c. Su conocimiento, obtención, manipulación y comercialización trae a la par grandes oportunidades y grandes riesgos. El mundo es así.

Familiarizarnos con la Ciencia de Datos ya no es una cuestión de cultura científica, si no de adaptación al medio, de supervivencia. Desde que nos levantamos hasta que nos acostamos nuestra vida se traduce en datos, no todo, pero casi todo. Decidir qué, cómo y hasta dónde, no es exclusivamente una cuestión de científicos y tecnólogos, es una cuestión que nos atañe a cada uno de nosotros como sociedad. Para asumir esa parte de responsabilidad que tenemos a la hora de decidir el mundo que queremos, no hay otra vía que lograr buena información, y no es una cuestión baladí, en tiempos en los que la desinformación tiene tantas vías de entrada.

Que las mismas personas que se dedican al estudio y aplicación de la Ciencia de Datos centren su empeño en que todos podamos comprender este ámbito de conocimiento, nos familiaricemos con sus conceptos, identifiquemos sus oportunidades y nos muestre las aristas en las que hay que poner atención y cuidado, es, sin duda, una fortuna. Nadie es capaz de comunicar mejor la ciencia, por compleja que sea, que quien siente pasión por ella y tiene el don de la comunicación. Si además dedica esfuerzo a formarse en divulgación, lo tenemos todo. Y este es el caso de Rocío Romero, la autora de la publicación que tienen entre manos, o frente a su pantalla.

Es un libro necesario. El último estudio de *Percepción Social de la ciencia y la Tecnología 2022,* publicado por FECYT, nos aporta evidencias de cómo la sociedad valora beneficios y riesgos de algunas aplicaciones tecnológicas. De todas las analizadas en el estudio, la única aplicación con un balance claramente positivo entre riesgos y beneficios son los aerogeneradores. Otras como la inteligencia artificial (con un balance ligeramente positivo), la robotización del trabajo, la experimentación animal o el cultivo de plantas modificadas genéticamente son percibidas con tantos beneficios como riesgos; y por último, la energía nuclear y el *fracking* son claramente valoradas con más perjuicios que beneficios.

La información a la que tenemos acceso y que manejamos impacta en la conformación de nuestra opinión, y en la postura pública que adoptamos y trasladamos.

Cuanta más y mejor información divulgativa seamos capaces de ofrecer a la sociedad, mejor sustentadas estarán estas opiniones y menos vulnerables seremos ante las informaciones falsas. Por eso, *Con-ciencia de datos: Tras las pistas del conocimiento* es una propuesta de cultura científica tan necesaria.

Las opiniones se conforman en base a los inputs que se reciben y de los valores previos de cada persona. Si queremos promover la cultura científica de la Ciencia de Datos, quien lo cuenta, es tan importante como la manera de contarlo. El hecho de que la Universidad de Granada haya decidido lanzar, a través de su Editorial una nueva colección de libros divulgativos sobre Tecnologías de la Información y la Comunicación, dirigida por el profesor Verdegay, de la que esta publicación forma parte, incrementa exponencialmente su capacidad de influencia. El informe de *Percepción Social de la Ciencia* de FECYT lo deja claro, las Universidades y los centros públicos de investigación son las organizaciones que la ciudadanía considera *"más adecuadas para explicar el impacto de los avances científico tecnológicos", seguidos de lejos por los centros de investigación privados, los divulgadores científicos en redes y blogs o los museos de Ciencia*, dejando claro que quienes suscitan más reticencia son las asociaciones de protección del medio ambiente, periodistas e industria y empresa privada.

El estudio también nos dice que los grupos profesionales de ciencia, ingeniería, así como de medicina o educación, son los más valorados por la sociedad. Un libro de la Universidad de Granada escrito por una ingeniera investigadora, parte con las mejores condiciones para convertirse en un manual de referencia en la divulgación de la Ciencia de Datos.

En la era digital, este es un libro oportuno, y es así, porque sabemos que Internet, los libros y las revistas de divulgación científica están ganando posiciones como fuentes de información en Ciencia en España, mientras que medios como la televisión, la prensa en papel y la radio están perdiendo posiciones.

Es un libro que muchas personas esperan. El perfil de uso de los diferentes medios de obtención de información científica y tecnológica también nos orienta hacia quién va a ser el público mayoritario de este libro: serán más probablemente adultos, y personas familiarizadas con la lectura. También, y esto es una interpretación propia, supone un recurso perfecto para tantos profesores de escuelas y de institutos que están formando a las generaciones que nos darán relevo, así como para los profesionales de la comunicación que busquen una fuente fiable y amena para documentarse, y por supuesto, para las miles de personas que disfrutan adquiriendo cultura.

Y además es un libro ameno. La autora, generosa en sus apreciaciones, nos convierte en ingeniosos detectives que avanzan por el conocimiento de este campo, nos quita el temor, y nos ayuda a situarnos cogidos de su mano. Este esfuerzo por hacer divertido y riguroso lo complejo no nos sorprende a quienes hemos visto a Rocío en acción en su activo rol de divulgadora.

Les invito a disfrutar de su lectura y sobre todo, a compartirlo, porque compartir conocimiento científico será probablemente uno de los mejores regalos que puedan hacer.

Teresa Cruz Sánchez
Directora General de la Fundación Descubre

1. Introducción

¡Bienvenido al fantástico mundo de la Ciencia de Datos!
A lo largo de estas páginas estudiaremos juntos los conceptos fundamentales necesarios para convertirte en un verdadero detective de datos. No necesitas muchos conocimientos sobre matemáticas, y básicamente ninguno de programación, sólo te pediré un poco de tu tiempo y muchas ganas de aprender.

En los próximas secciones descubrirás:

- *Qué es y que no es Ciencia de datos.* Hablaremos de su definición y su relación con otros términos muy utilizados actualmente.
- *Historias detrás de los datos.* Haremos también un repaso por la historia reciente y veremos casos de éxito en el uso de la ciencia de datos que tal vez desconozcas.
- *Más allá de la estadística.* No podemos olvidar la necesidad de repasar algunos datos básicos relacionadas con la estadística que nos serán de mucha utilidad en nuestros proyectos.

- *Visualización de datos.* Dicen que "una imagen vale más que mi palabras" y esto es justamente lo que analizaremos, incluyendo recomendaciones para que tus gráficos destaque y sean comprensibles por cualquier persona.
- *Sesgos en los datos.* Lamentablemente no todos los datos con que contamos tienen la misma calidad. Debemos ser conscientes de los posibles sesgos tanto a la hora de realizar un experimento y recoger datos, como de utilizar datos ya existentes recopilados por terceros.
- *Proyectos de ciencia de datos.* Trabajar con datos no es tan fácil como utilizar una planilla de cálculo y hacer unos cuantos gráficos. Para ser un buen detective de datos debemos crear un proyecto y seguir al pie de la letra los distintos pasos que lo componen.
- *Modelos de datos.* La ciencia de datos, en muchos casos, requiere el uso de herramientas computacionales más allá del uso de un paquete de ofimática. Aquí comentaremos los distintos tipos de aprendizaje que se pueden utilizar en un proyecto de ciencia de datos, ejemplos incluidos.
- *Aplicaciones.* Una vez que conocemos los pasos básicos de un proyecto de ciencia de datos te propongo ver algunas aplicaciones que te pueden servir de inspiración para que tu mismo lleves a cabo tu propio estudio.

- *¡Quiero ser un científico de datos!* En esta sección nos ponemos manos a la obra para llevar a cabo un proyecto completo desde el inicio hasta el final.
- *Datos y ética.* Responsabilidad, fiabilidad, privacidad, confianza... Estas palabras cobran sentido cuando hablamos del uso ético de los datos y repasamos algunas de los elementos que debemos tener siempre en mente a la hora de trabar con ellos.
- *Desafíos y limitaciones.* La ciencia de datos es una disciplina que no lleva entre nosotros muchos años. Esta juventud hace que, actualmente, deba hacer frente a numerosos desafíos y presente algunas limitaciones que, con el tiempo, serán seguramente superadas.
- *El futuro de la ciencia de datos.* En este mundo que está en cambio constante lo único que podemos saber a ciencia cierta es que todo va a cambiar. Podemos ya atisbar parte de ese futuro y entrever hacia donde nos llevará la ciencia en los próximos años.
- *Recomendaciones finales.* No podemos acabar estas páginas sin resumir lo aprendido y dar unas últimas recomendaciones finales que te servirán para que te animes a ponerte manos a los... ¡datos!
- *Recursos adicionales.* Si te ha gustado el mundo de la ciencia de datos en esta última sección te dejo varios recursos adicionales en distintos formatos (e.g., libros, blogs, podcasts) para que te sigas formando y aprendiendo día a día.

Una vez concluida la lectura de estas páginas espero que seas consciente del poder que tienen los datos y de cómo estos pueden ayudarte a tomar mejores decisiones profesionales y personales.

Prepárate para iniciar esta aventura y aprender paso a paso cómo llevar a cabo tu propio proyecto de ciencia de datos. Sorprende a tus amigos y familiares descubriendo el porqué del mundo que te rodea y sácale el máximo partido a tus propios datos.

Por último, un dato aclaratorio antes de empezar. En todo lo que sigue, el uso del género masculino en el texto se emplea de manera neutra y no excluye a personas de otros géneros.

2. ¿Qué es y qué no es *Ciencia de Datos?*

Querido aprendiz de detective de datos, antes que nada necesitamos dejar algo en claro, no todo se considera *Ciencia de Datos*. Porque el término esté de moda no implica que tenemos que usarlo indiscriminadamente. Si..., sabemos que decir que hacemos ciencia de datos es mucho más glamuroso que decir que has hecho un gráfico en Excel. Pero la ciencia de datos va mucho más allá de un gráfico bonito, y estas páginas están para demostrarlo.

Por un lado, cuando hablamos de *Ciencia* nos referimos comúnmente al "conjunto de conocimientos obtenidos mediante la observación y el razonamiento". Por otro lado, cuando hablamos de *Datos* nos referimos a la "información sobre algo concreto que permite su conocimiento exacto"[1]. Pero entonces... ¿a qué nos referimos cuando hablamos de *Ciencia de Datos* en forma

---

1.   Real Academia Española, http://rae.es

conjunta? La respuesta es sencilla, hablamos de obtener nuevo conocimiento sobre algo concreto, los datos que tengamos disponibles, a través de la observación y el razonamiento. La ciencia de datos en sí misma es un campo multidisciplinar que combina disciplinas tales como la estadística, la matemática y la informática, para analizar, interpretar y visualizar datos. El objetivo de la ciencia de datos es poder extraer información y conocimiento útil y relevante a partir de un conjunto o conjuntos de datos. Esto incluye también el hecho de poder comunicar los hallazgos de forma clara y sencilla.

Como buen aspirante a detective de datos habrás notado que en esta última década se han empezado a utilizar cada vez más varios términos que ahora mismo están muy, muy de moda: inteligencia artificial, minería de datos, *big data*, aprendizaje automático, y, por supuesto, ciencia de datos. Estos términos están tan estrechamente interrelacionados que a veces resulta complicado distinguir claramente dónde acaba uno y empieza el otro. Analicemos entonces sus similitudes y diferencias antes de ponernos manos a los... datos.

Comenzaremos con los dos términos más utilizados actualmente: inteligencia artificial y ciencia de datos. Por un lado, la ciencia de datos utiliza herramientas informáticas para poder procesar los datos, incluyendo herramientas dentro de la categoría de inteligencia artificial, como podrían ser las redes neuronales artificiales (si quieres aprender más de ellas no te pierdas el cuadernillo "Inteligencia Artificial" de esta misma colección). Sin embargo, también utiliza técnicas estadísticas, tanto simples como complejas, como ser el cálculo de la media, la moda y demás medidas de la estadística descriptiva; o el análisis de componentes principales que permite reducir la complejidad de nuestros datos y representarlos de manera más sencilla. Por otro lado, la inteligencia artificial se usa en ámbitos que van más allá de la ciencia de datos, como puede ser la robótica o la visión artificial. Por tanto podemos decir que ambos términos tienen un cierto solapamiento.

¿Qué pasa entonces con los términos minería de datos y ciencia de datos? Muchas personas suelen utilizar ambos términos como sinónimos, tal vez por el hecho que su objetivo general es el mismo: extraer conocimiento útil a partir de conjuntos de datos. Sin embargo, hay diferencias claras entre ellos. La minería de datos se centra en descubrir patrones y tendencias ocultos en grandes conjuntos de datos, mientras que la ciencia de datos es un campo más amplio que incluye además de la minería de datos, la recopilación, limpieza, análisis y visualización de datos. Se puede decir entonces que la minería de datos es una parte integral de la ciencia de datos.

¿Y qué pasa con el Aprendizaje Automático? El aprendizaje automático, también conocido como *machine learning* en inglés, es una rama de la inteligencia artificial dedicada a desarrollar herramientas que permitan aprender a partir de datos. En otras palabras, podemos decir que son capaces de aprender a partir de ejemplos, en contraposición a ser explícitamente programadas para realizar una tarea específica siguiendo una serie de pasos predefinidos. Es decir, estas técnicas de aprendizaje automático son capaces de mejorar su rendimiento a medida que se exponen a más y más datos. Veremos algunas de esta técnicas en la Sección 7 (Modelos de Datos). Por tanto, el aprendizaje automático es una herramienta esencial para la minería de datos. Sin embargo, su uso va más allá de la ciencia de datos y puede usarse en otras áreas de la inteligencia artificial, como el procesamiento del lenguaje natural o la detección de objetos en tiempo real.

Por último analicemos otro de los términos más utilizado últimamente: *Big Data*. Éste término se traduce al español como *macrodatos* o el "conjunto de datos que, por su gran volumen, requieren técnicas especiales de procesamiento"[1]. La ciencia de datos se aplica a cualquier conjunto de datos, tanto pequeños como grandes, pero si éstos son lo suficientemente grandes como para caer en la categoría de los macrodatos, entonces requerirán de herramientas específicas para poder tratarlos, tal como indica su definición.

Para resumir este análisis de la terminología y poder comprender mejor la relación entre todos los términos vinculados a la ciencia de datos, te invito a explorar la Figura 1 que presenta un resumen visual de estos términos y sus interrelaciones.

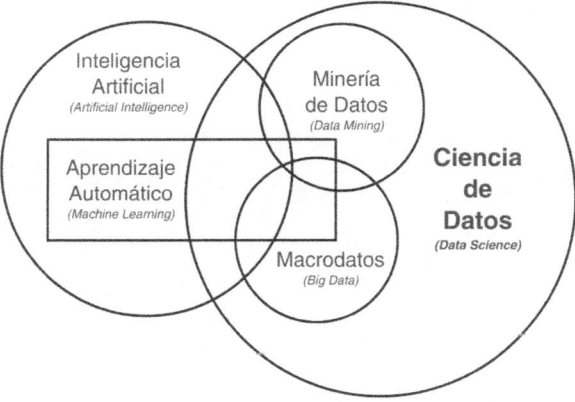

Figura 1. Relación entre los términos más comunes relacionados con la Ciencia de Datos.

3. Detrás de los datos

Una vez repasada la terminología básica, tu primera tarea como aprendiz de detective de datos es ponerte al día sobre la historia de la ciencia de datos. Un buen detective debe conocer cómo utilizar las herramientas a su disposición y la mejor forma de hacerlo es a través del estudio de ejemplos exitosos. Por tanto, dedicaremos unas páginas a estudiar el porqué la ciencia de datos ha generado tanta expectación en los últimos años. Para ello estudiaremos algunos casos de éxito del uso de la ciencia de datos en nuestro historia reciente. Esto nos permitirá comprender porqué no sólo el ámbito científico, sino también las empresas están obsesionadas con los datos.

CASO 1: El proyecto Genoma Humano

El proyecto Genoma Humano se inició en 1990 y fue una iniciativa internacional que propuso secuenciar[2], identificar y catalogar la totalidad de los genes presentes en el ADN humano. El proyecto generó una enorme cantidad de datos, incluyendo las secuencias de ADN de alrededor de 30.000 genes humanos (92% del genoma humano)[3], así como su ubicación precisa en el genoma y datos adicionales sobre variaciones en las secuencias de ADN que definen las diferencias genéticas entre distintos individuos.

Esta gran cantidad de datos requirió el uso de técnicas de ciencia de datos, incluyendo aquellas dentro del área de estudio conocida como *bioinformática,* la cual se centra en el desarrollo y aplicación de herramientas informáticas para abordar problemas biológicos. La estrecha colaboración entre expertos en genética, biología molecular y científicos de datos (aquellos expertos y expertas en ciencia de datos) permitió avanzar en la interpretación de los resultados y descubrimientos derivados de los cientos de gigabytes de datos obtenidos de la secuenciación en el proyecto.

Como ejemplo de cómo la ciencia de datos ha sido esencial en este proyecto podemos mencionar una anécdota relacionada con el problema del ensamblado de secuencias. Para la secuenciación del genoma humano se utilizó una técnica de secuenciación que permite la lectura masiva de fragmentos de ADN. Sin embargo,

2.   En este contexto, secuenciar se refiere a la identificación de la secuencia de bases (A, C, G y T en el ADN) en un fragmento específico de material genético.

3.   https://www.genome.gov/human-genome-project

debido a limitaciones tecnológicas, la secuenciación generó fragmentos cortos de secuencias. Estos fragmentos constituían las piezas de un gran rompecabezas que debía ser ensamblado de manera correcta, lo cual era un problema, especialmente en regiones genómicas repetitivas (secuencias que presentan patrones repetitivos, como por ejemplo GAGAGAGA). La presencia de repeticiones y la necesidad de resolver redundancias en el ensamblado fueron uno de los desafíos clave en el proceso de ensamblado del genoma humano. A pesar de estos desafíos los científicos lograron superar el problema mediante el estudio de los datos acumulados y el desarrollo de estrategias computacionales avanzadas. ¡La ciencia de datos al rescate!

El enfoque interdisciplinar del proyecto Genoma Humano supuso un avance sin precedentes para la biología, la medicina y la ciencia en general, permitiendo mejorar la comprensión de enfermedades genéticas y permitiendo el desarrollo de terapias personalizadas.

CASO 2: Descubrimiento de las ondas gravitacionales

Hace más de un siglo, Albert Einstein formuló la conjetura de que cuando los objetos se desplazan a través del espacio generan ondas en el espacio-tiempo que los rodea. Estas ondas, llamadas ondas gravitatorias, se definen como las ondulaciones en el espacio-tiempo que se producen cuando objetos masivos se aceleran. Las ondas se propagan hacia el exterior de forma similar a las ondas que se forman cuando una piedra es lanzada con cierto ángulo a un lago y van rebotando a lo largo de la superficie del agua. En su momento, Einstein no tenía conocimiento de que 1.300 millones de años atrás dos agujeros negros habían colisionado. Esta colisión liberó una cantidad masiva de energía en una fracción de segundo. Sorprendentemente, el 14 de septiembre de 2015, esas ondas gravitacionales llegaron a la Tierra y fueron detectadas por los investigadores del Observatorio de Ondas Gravitacionales del Interferómetro Láser (LIGO)[4].

Tras este descubrimiento, en 2016, un equipo internacional de científicos anunció la primera detección de estas ondas gravitacionales, que si bien fueron predichas de forma teórica, su observación directa requirió de una tecnología avanzada y de un análisis de datos masivo.

Veamos cómo la ciencia de datos ha sido clave para esta detección. Primero es necesario conocer como se detectan las ondas gravitatorias usando LIGO. El observatorio contiene dos detectores en forma de L ubicados en Estados Unidos, donde cada uno tiene dos brazos de cuatro kilómetros de longitud por los que viajan haces de luz láser que se reflejan en espejos. Cuando una onda gravitatoria pasa por la Tierra, produce cambios minúsculos en la distancia entre los espejos, que se pueden medir por la interferencia de los haces de luz[5].

4.   https://www.ligo.caltech.edu
5.   https://www.nationalgeographic.es/espacio/encontrado-ondas-gravitacionales-o-una-arruga-en-el-espacio-tiempo

Sin embargo, estos cambios son tan pequeños que se necesitan técnicas de ciencia de datos para distinguirlos del ruido y las interferencias que pueden afectar a los detectores. Los científicos utilizaron métodos de procesamiento de señales, estadística e inteligencia artificial para filtrar, analizar e interpretar los datos de los detectores, y para compararlos con las predicciones teóricas de las ondas gravitacionales.

Este descubrimiento fue clave y permitió abrir una nueva ventana al universo a la vez que confirmó una de las predicciones más importantes de la relatividad general.

CASO 3: Industria 4.0

La Industria 4.0, también conocida como la cuarta revolución industrial, se caracteriza por la integración de tecnologías digitales avanzadas en los procesos de fabricación y operaciones industriales. La ciencia de datos juega un papel crucial en la Industria 4.0 al proporcionar las herramientas necesarias para recopilar, analizar y aprovechar los enormes volúmenes de datos generados por los sistemas industriales modernos.

Dentro de este ámbito se incluye el *mantenimiento predictivo*, una aplicación clave de la ciencia de datos que busca prever fallos y problemas en equipos y maquinaria antes de que ocurran. Para ello utiliza datos históricos, sensores en tiempo real y herramientas de inteligencia artificial para predecir cuándo es probable que ocurran fallos, y por tanto permite llevar a cabo acciones preventivas en lugar de reaccionar ante una avería. De esta manera la ciencia de datos ayuda a optimizar los programas de mantenimiento al predecir cuándo es más eficiente y necesario realizar intervenciones, reduciendo costos al minimizar el tiempo en que una máquina no esté disponible o funcione a un menor ritmo de trabajo.

Para poder llevar a cabo un mantenimiento predictivo exitoso es necesario primero recopilar datos de cada equipo y maquinaria. Ello se logra mediante el uso de sensores u otros dispositivos que permiten recopilar datos en tiempo real sobre su rendimiento. Con toda esta información es posible crear un repositorio de datos histórico de mantenimiento, tiempos de inactividad y eventos pasados que se incorporan a los datos en tiempo real para su posterior análisis. Este monitoreo continuo genera entonces alertas cuando se detectan patrones o condiciones que sugieren un riesgo de fallo.

Todo esto lleva a la reducción de costos de mantenimiento, la optimización de recursos, mejoras en la seguridad laboral, e incluso mejoras en la eficiencia energética.

Habiendo revisado estos tres ejemplos y, por tanto, conociendo mejor cómo la ciencia de datos puede ayudar en tantos ámbitos diferentes, no es de extrañar que las empresas actuales consideren a los datos como "el nuevo oro". Las empresas invierten cada vez más en tecnologías de análisis de datos, almacenamiento y procesamiento para extraer valor de sus datos. Debido al extenso uso de la ciencia de datos se han ido creando nuevas carreras universitarias y posgrados especializados para capacitar a los futuros científicos y científicas de datos que ya tienen y tendrán en el futuro una alta demanda en el sector industrial.

4. Más allá de la Estadística

Hasta aquí todo bien, pero... voy a decirte una gran verdad que muchas personas olvidan a la hora de trabajar con datos: no se puede hacer ciencia de datos sin conocer y saber utilizar las herramientas de estadística. Un detective que se precie debe poder analizar la información recopilada y extraer conclusiones basadas en los datos disponibles. No hay que temerle a las matemáticas ni a las estadísticas, estas disciplinas son nuestras mejores armas contra la desinformación, y nos permitirán inferir sobre bases sólidas y poder justificarlas científicamente. Por tanto dedicaremos unas páginas a estudiar algunos conceptos fundamentales sobre los datos y sus estadísticas que nos serán de gran ayuda a la hora de trabajar.

Tipos de datos

Los datos se clasifican en diferentes tipos según su naturaleza y características. En el mundo real nos podemos encontrar con distintos tipos de datos. Los más comunes son:

— Datos Cualitativos o Categóricos: Dentro de este grupo se encuentran principalmente dos tipos de datos: nominales u ordinales.

- Datos Nominales: son aquellos datos que representan diferentes categorías pero que no tengan ningún orden, es decir, que no exista una relación de orden entre ellas. Ejemplos de este tipo de datos podrían ser los colores (rojo, azul, verde), distintos tipos de vehículos (coche, moto, bicicleta), etc.

- Datos Ordinales: son aquellos datos que representan diferentes categorías pero que si tienen un orden determinado. Ejemplos de este tipo de datos podrían ser las distintas categorías educativas (primaria, bachiller, universidad), la clasificación de satisfacción de una encuesta (muy insatisfecho, insatisfecho, neutral, satisfecho, muy satisfecho), etc. Sin embargo, nota que, en la mayoría de los casos, la distancia entre las distintas categorías no es significativa o, incluso puede llegar a ser muy subjetiva.

— Datos Cuantitativos: Son aquellos que representan cantidades numéricas y con los cuales se pueden realizar operaciones matemáticas. Se dividen en dos clases:

- Datos Discretos: son aquellos que representan valores separados y contables que no pueden tener valores intermedios. Ejemplos de este tipo de datos son: el número de estudiantes en una clase, la cantidad de automóviles en un parking, etc.

- Datos Continuos: son aquellos que pueden tomar cualquier valor en un rango específico. Pueden tener valores intermedios y se pueden medir con precisión. Ejemplos de este tipo de datos son la altura de una persona, su peso, la temperatura ambiente, etc.

Comprender la naturaleza de los datos es esencial para seleccionar las técnicas estadísticas adecuadas y realizar análisis significativos. ¿Pero qué pasaría si no uso el tipo de datos correcto en cada caso? Supongamos que estamos analizando los datos de un crimen que se ha cometido. Nos dice un testigo que no ha podido ver del todo bien al sospechoso, pero que seguro que el culpable es un hombre y es más alto que la víctima. Imaginemos que tenemos un conjunto de datos que contiene información sobre la altura de los sospechosos y queremos reducir este conjunto usando la información del testigo. La altura es un número, por lo que el tipo de datos correcto sería un dato cuantitativo continuo, ya que se puede medir con precisión y puede tener valores intermedios. Si, por error, usamos un dato categórico (independientemente de si es nominal u ordinal), no podremos calcular la diferencia de alturas ni indicar cuales son más altos que la víctima ya que no es posible realizar operaciones matemáticos como "mayor" o "menor", impidiendo que descubramos al culpable.

Fuentes de datos

Las fuentes de datos son los orígenes o medios por los cuales se obtiene información para su análisis posterior. Estas fuentes de datos pueden clasificarse según su origen:

- Fuentes Primarias: en este caso los datos se recopilan directamente de la fuente original y son obtenidos de primera mano. Ejemplos de este tipo de fuentes de datos son las encuestas, entrevistas, observaciones directas, experimentos, etc.

- Fuentes Secundarias: en este caso los datos se recopilan por alguien más para un propósito diferente al nuestro. Son datos que ya han sido recolectados y procesados por otras personas ajenas a nuestra investigación. Ejemplos de este tipo de fuentes de datos son los informes gubernamentales, bases de datos en línea, investigaciones académicas, libros, etc.

Además de estas fuentes de datos también existen otras específicas al dominio de estudio, como las fuentes de datos geo-espaciales, que pueden incluir coordenadas de ubicación, mapas, e información topográfica; fuentes provenientes de redes sociales que incluyen publicaciones, comentarios y gustos; o fuentes de datos financieros con información relacionada con transacciones y actividades económicas que puede incluir informes contables, registros de transacciones, datos del mercado financiero, etc.

Además, las fuentes de datos pueden clasificarse también según su formato:

- Fuentes de Datos Estructurados: incluye datos que se organizan en un formato específico y son fácilmente procesables por un ordenador. Ejemplos de este tipo de fuentes de datos son las tablas de bases de datos, hojas de cálculo, etc.

- Fuentes de Datos No Estructurados: incluye datos que no siguen un formato específico y no son fácilmente interpretables por un ordenador sin un procesamiento adicional. Caen en esta categoría los texto sin formato, imágenes, videos, datos de redes sociales, etc.

- Fuentes de Datos Híbridas: incluye datos tanto estructurados como no estructurados.

- Fuente Datos en Tiempo Real: incluye datos que se actualiza continuamente y están disponibles para el análisis de manera inmediata. Muchas veces, debido a su naturaleza, resulta imposible almacenar la información y esta debe ser procesada en el momento o sino se perdería. Este tipo de datos se puede obtener de sensores, datos de redes sociales en tiempo real, transacciones financieras en línea, etc. Estos datos pueden ser tanto estructurados como no estructurados.

La elección de la fuente de datos depende del objetivo del análisis y la disponibilidad de información relevante para responder las preguntas planteadas. Combinar diversas fuentes de datos puede proporcionar una perspectiva más completa y precisa aunque para ello será necesario unificar los datos para poder ser analizados de forma conjunta. Esto último no es una tarea nada fácil y a veces es prácticamente imposible de llevar a cabo. Como ejemplo podríamos pensar en recolectar informes y pruebas médicas de todos los hospitales del mundo para identificar, por ejemplo, a aquellas personas compatibles para donar órganos. Para ello es necesario que todos los hospitales guarden la misma información y, de tener la suerte de que eso sea cierto, que esté en el mismo formato, que usen las mismas unidades de medida, el mismo idioma, etc. Unificar todos esos datos es una tarea muy laboriosa y que lleva mucho tiempo y esfuerzo.Medidas estadísticas

Existen distintos tipos de medidas estadísticas para describir, resumir y analizar conjuntos de datos. Estas medidas proporcionan información clave sobre la distribución de los datos y son muy fáciles de calcular. Veamos las más utilizadas en ciencia de datos:

- Moda: valor que aparece con mayor frecuencia en un conjunto de datos. Por ejemplo, si analizamos los nombres de pila de los españoles podemos ver que aquel que más se repite es Antonio para los hombres y María Carmen para las mujeres[6]. La moda es una herramienta matemática que se

---

6. Según el Instituto Nacional de Estadística de España.

utiliza en el caso de tener datos cualitativos. En el caso de datos cuantitativos continuos calcular la moda realmente no tendría mucho sentido.

- Media: promedio aritmético de un conjunto de datos. Se calcula como la suma de todos los valores dividido por la cantidad de valores que tengamos. Por ejemplo, si analizamos la edad de los españoles podemos observar que la media en hombres es de 42,77 y en mujeres de 45,36.

- Mediana: valor central en un conjunto de datos ordenado de menor a mayor. Si tenemos los valores de edades de 11 personas: [37, 98, 9, 20, 12, 55, 2, 46, 33, 14, 85], su mediana se calcula ordenando estas edades: [2, 9, 12, 14, 20, 33, 37, 46, 55, 85, 98] y eligiendo el valor central: 33. En caso de tener un numero par de elementos la mediana se calcula como la media de los dos valores centrales. Notar que si bien la mediana del conjunto de 11 elementos es 33, la media es de 37,36. La mediana nos da una idea más acertada del valor medio de los datos cuando nos encontramos con una distribución de datos, digamos, poco convencional. Para ilustrarlo supongamos que tenemos datos entre 0 y 100 así de curiosos: [97, 98, 9, 80, 12, 55, 2, 46, 88, 87, 85], la media es de 59,9 mientras que la mediana es de 80. Es decir, si bien la media ronda un valor intermedio, la mediana nos informa que en los datos hay más valores superiores a 80 que valores más pequeños.

- Varianza: mide la variabilidad de un conjunto de datos. Se calcula matemáticamente como el promedio de los cuadrados de las desviaciones de cada valor respecto a la media. Se puede interpretar como cuanta distancia existe entre los valores de mi conjunto de datos con respecto al valor promedio. Por ejemplo, en el caso anterior de esas 11 personas, la media de alturas es de 37,36 mientras que la varianza es de ¡989,65! Si tomamos otro conjunto de datos [30, 36, 32, 31, 30, 33, 32, 33, 24, 35, 32] la media es de 31,64 mientras que la varianza es de 9,85, un valor mucho menor que la varianza obtenida para el otro conjunto de datos y que nos sugiere que no hay tanta diferencia entre los valores en sí.

- Desviación estándar: también mide la variabilidad de un conjunto de datos pero se diferencia de la varianza en que el resultado obtenido tiene la misma unidad de medida que los datos originales, lo que facilita su interpretación. Se calcula como la raíz cuadrada de la varianza. En el caso de: [37, 98, 9, 20, 12, 55, 2, 46, 33, 14, 85] la varianza es de 989,65 y la desviación estándar es de 31,46, mientras que para: [30, 36, 32, 31, 30, 33, 32, 33, 24, 35, 32] la varianza es de 9,85 y la desviación estándar es de 3,14.

- Cuartiles: son medidas estadísticas que dividen un conjunto de datos ordenados en cuatro partes, cada una representando el 25% de los datos. Existen tres cuartiles, llamados comúnmente Q1,

Q2 y Q3. Nota que el Q2 corresponde al valor de la mediana. En breve veremos un ejemplo gráfico de los cuartiles para aclarar este concepto.

Veamos ahora cómo estas medidas estadísticas se aplican en un conjunto de datos y cómo se pueden ver de forma gráfica analizando los distintos tipos de visualización de datos.

5. Visualización de Datos

Un buen detective de datos no solo debe ser capaz de analizar los datos, sino que también debe poder comunicar sus hallazgos de forma efectiva. Para ello necesita conocer las distintas herramientas de visualización de datos disponibles y saber cuándo y cómo utilizarlas correctamente. Una buena visualización de datos permite comunicar de manera clara la historia que los datos nos quieren contar, pero también es posible que una mala visualización nos impida ver algún problema existente en nuestro conjunto de datos o que sólo muestre una parte sesgada del mismo, e incluso que oculte parte de la información existente. ¡Mucho cuidado!

Antes de ponernos manos a la obra con la visualización de los datos es crucial tener un objetivo claro en mente y saber qué mensaje se quiere comunicar. Esto determinará el tipo de visualización que se elija. Las visualizaciones efectivas tienen todas algo en común: son simples y claras. Por tanto, es importante evitar el exceso de información eliminando elementos innecesarios para ayudar a que el lector pueda comprender rápidamente el mensaje principal.

En los próximos apartados vamos a suponer que disponemos de los valores correspondientes al dinero en euros que se ingresa y que se gasta mensualmente en un comercio, además de la opinión sobre si el balance mensual fue bueno o malo. Contamos entonces con una tabla parecida a la que se muestra a continuación, donde hay 4 variables en nuestro conjunto de datos:

Fecha	Ingresos	Gastos	Opinión
2010-01-01	209,29	1000,00	Malo
2010-02-01	700,93	150,51	Bueno
...	...	...	...

Datos cualitativos

En el caso de tener datos cualitativos, como es el caso de la columna de opinión, podemos utilizar un diagrama de barras o de tarta. En la Figura 2(a) podemos ver un diagrama de barras donde se puede apreciar claramente que hay más meses etiquetados como "normal" que aquellos "bueno" o "malo". En la Figura 2(b) podemos ver un diagrama de tarta con la misma información. Notar como en este caso es necesario cambiar los colores para poder distinguir las tres valoraciones. Los diagramas de tartas deben usarse con mucho cuidado ya que al ojo humano le cuesta visualizar más este tipo de gráficos que un simple diagrama de barras cuando se tienen muchas divisiones o valores muy parecidos. Si los datos cualitativos son a la vez ordinales, es decir, los valores tienen un cierto orden, como en nuestro caso, se puede incluir color para que sea más fácil de interpretar. En nuestro ejemplo usaremos el color verde para lo "bueno", el rojo para lo "malo" y gris para "Normal", como se puede ver en el Figura 2(c).

Notar que en todos los gráficos presentados contamos con una leyenda que explica cada parte del gráfico.

La elección de los colores en un gráfico no es arbitraria ya que esta elección puede influir significativamente en cómo se percibe y comprende la información presentada. La psicología del color juega un papel importante en todo este proceso debido a que diferentes colores pueden transmitir mensajes de manera subconsciente. Por ejemplo, si estamos comparando dos refrescos de cola, podríamos utilizar los colores que identifican a cada productos para que sea más intuitivo interpretar los gráficos presentados. Otro punto a tener en cuenta es el uso correcto de la escala. Si estamos comparando dos gráficos, es imprescindible mantener la misma escala de los datos para que la comparativa sea justa. De no ser así el ojo humano puede perderse y malinterpretar el gráfico. En la Figura 3 puedes ver varios ejemplos de gráficos "poco felices", ¿puedes identificar el problema o problemas de cada uno?

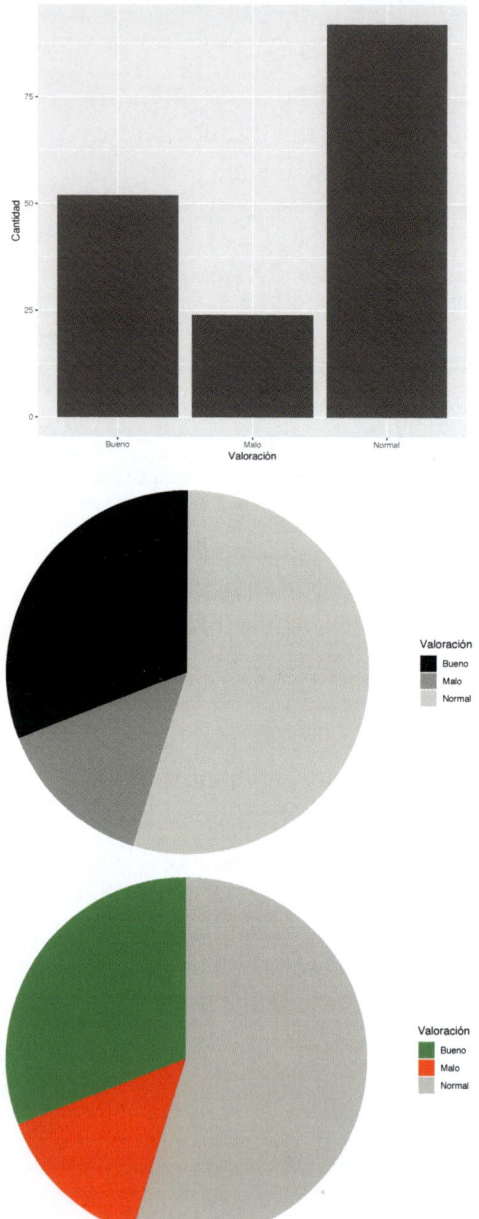

Figura 2. Diagramas para datos cualitativos. (a) Diagrama de barras. (b) y (c) Diagrama de tarta.

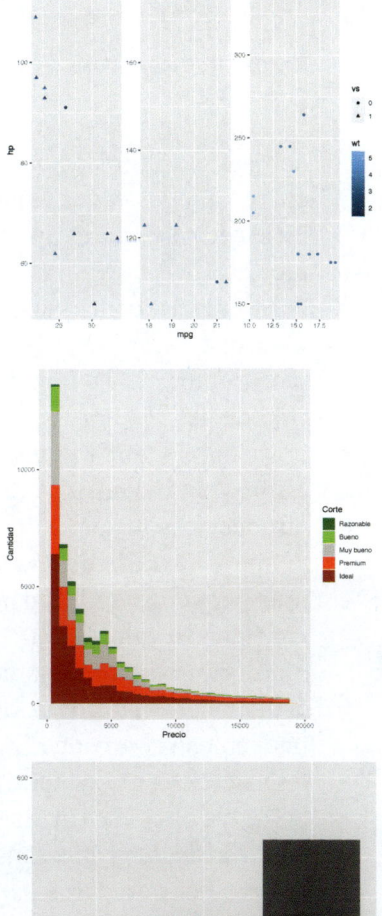

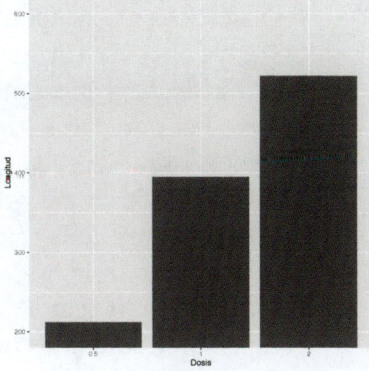

Figura 3. Gráficos que nunca debieron ser. *Solución: (a) las escalas de los ejes difieren entre los tres diagramas, (b) Los colores elegidos no se relacionan con lo que se quiere mostrar, y (c) la escala en el eje vertical comienza en 200 haciendo parecer la primera barra más pequeña de lo que realmente es.*

Datos cuantitativos

En el caso de tener datos cuantitativos, como pueden ser los ingresos o los gastos, podemos distinguir entre aquellos cuyos valores son discretos o continuos. En el caso de valores discretos podemos utilizar los mismos gráficos que para el caso de los datos cualitativos. Para valores continuos, como en el caso de ingresos y gastos, tenemos otras opciones. La primera que exploraremos es la del histograma de la Figura 4(a). Este tipo de gráfico agrupa los valores en distintos barras, por ejemplo, en la figura se puede ver cómo el gráfico agrupa en una misma barra todos los valores que están alrededor del valor indicado en el eje de los ingresos. La primera barra tiene 8 valores entre 0 y 250 (los valores más pequeños de la variable ingresos), la segunda barra tiene 26 valores entre 250 y 350, y así siguiendo. Un histograma entonces permite visualizar rápidamente la distribución de los valores de una variable continua y podremos ver en que rango se encuentra la mayoría de los valores (como la moda pero para datos cuantitativos).

Otra opción es utilizar un diagrama de cajas o *boxplot*, uno de los gráficos más utilizados por los científicos y científicas de datos para analizar la distribución de los datos. En el gráfico de la Figura 4(b) podemos ver la distribución de los gastos de nuestro conjunto de datos. La forma de la caja, su línea central y las líneas que salen por arriba y debajo de ella indican distintas métricas estadísticas. Por empezar, la línea central corresponde al segundo cuartil (Q2) o la mediana, lo que

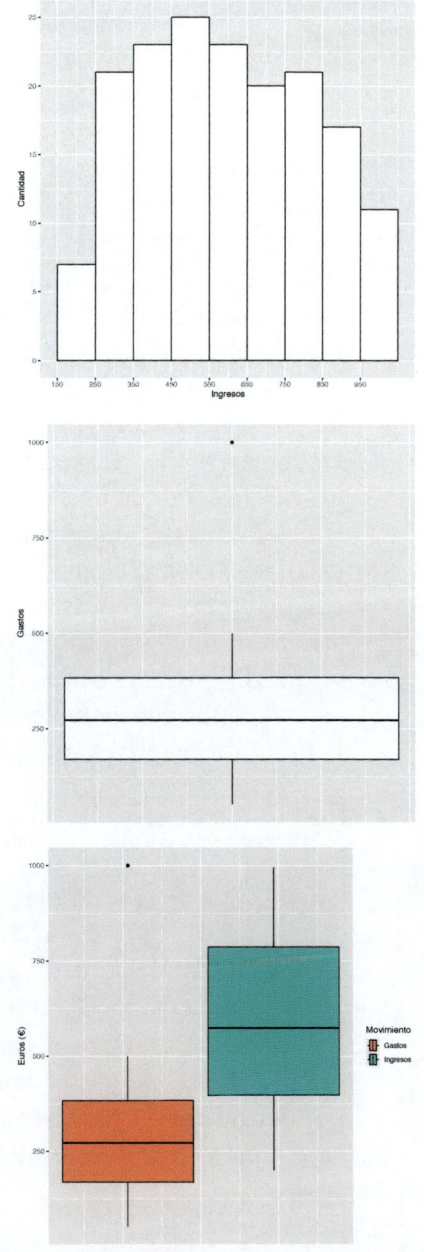

Figura 4. Diagramas para datos cuantitativos continuos. (a) Histograma. (b) y (c) Diagrama de cajas.

indica que el 50% de los datos se sitúa por encima y el 50% por debajo de este valor. La altura de la caja está dada por los valores del primer y tercer cuartil (Q1 y Q3 respectivamente). Si la caja es muy chata se puede decir que la mayoría de los valores se encuentran en un rango limitado y si la caja es muy alta podemos decir que los valores están distribuidos en un rango mucho más amplio. En nuestro caso parece que la distribución de los datos es más bien uniforme ya que el tamaño de los cuartiles es aproximadamente el mismo. Eso deja a las líneas verticales, también llamadas bigotes, como los valores que son más pequeños a Q1 (línea por sobre la caja) o más grandes que Q3 (línea por debajo de la caja). Si existiera algún valor atípico, estaría marcado con un punto. En nuestro caso tenemos un único valor atípico de 1000 en gastos. Está marcado como atípico ya que difiere mucho de la media de la distribución que está algo por debajo de los 300€ como se puede ver en la tabla a continuación:

Movimiento	Media	Mediana	Varianza	Desviación estándar
Ingresos	574,33	586,27	46.987,12	216,77
Gastos	277,97	289,29	20.347,91	142,65

Para calcular si un valor es atípico o *outlier*, se calcula si éste valor está muy por arriba del Q1 o muy por debajo del Q3. Para ser más exactos, se calcula que esté a más de 1,5 veces el rango intercuartil (Q3-Q1) por arriba de Q1 o debajo de Q3. Debido a que no hay muchos valores atípicos en nuestro conjunto de datos no hay mucha diferencia entre la media y la mediana. En términos generales recuerda que la mediana es más robusta que la media cuando se trabaja con datos en donde hay muchos valores atípicos.

Como habrás apreciado, se puede comunicar de un solo vistazo muchísima información usando un sencillo diagramas de cajas. Pero para ello es importante saber leerlo correctamente y eso implica conocer las estadísticas que hay detrás de este tipo de gráficos.

Hasta el momento hemos estado analizando variables de una en una. Probemos ahora dibujar los diagramas de caja tanto para ingresos como para gastos de forma conjunta. En la tabla anterior podemos ver que los ingresos medios son más del doble de los gastos medios. También podemos ver que la varianza es más alta para los ingresos que para los gastos, aunque su valor no nos permite interpretar fácilmente cuanta variabilidad hay. La desviación estándar, en cambio, si nos da una idea más clara de la variabilidad existente. El gráfico de la Figura 4(c) se puede observar rápidamente las diferencias entre los ingresos y los gastos. Podemos ver que el rango de valores de los ingresos es más amplio que el de los gastos y, en ambos casos, la distribución de los valores es uniforme entre los distintos cuartiles. Para los ingresos no parece haber ningún valor atípico.

Para comparar ingresos y gastos, podríamos realizar un diagrama de dispersión, también llamado de puntos. Si coloco en el eje horizontal o eje de las x los ingresos y en el eje vertical o eje de las yes los gastos, obtengo la Figura 5. En este diagrama solo se puede observar en la parte inferior una nube de puntos sin un orden particular, mientras que en la parte superior se puede ver un punto aislado, el mismo que se puede ver en el diagrama de cajas de la Figura 4(b). Está claro que este nuevo gráfico no nos aclara nada, ya que estamos obviando una variable muy importante en el conjunto de datos: la fecha.

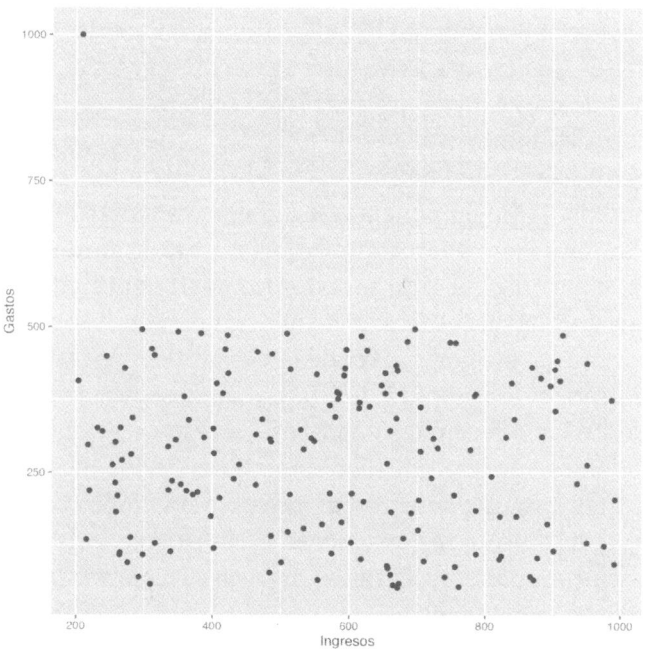

Figura 5. Diagrama de dispersión.

Series temporales

Una serie temporal es una secuencia de datos observados o registrados a lo largo del tiempo. Estos datos se organizan de forma ordenada y secuencial, generalmente en intervalos de tiempo uniformes. Las series temporales se emplean para analizar patrones, tendencias y cambios en una variable a lo largo de un período determinado.

Podemos visualizar series temporales de diferentes formas. En la Figura 6(a) puedes ver un diagrama de dispersión. ¿Es posible ver alguna tendencia? La respuesta es no, es una nube de puntos sin más, muy poco interpretable para el ojo humano. Ahora mira la Figura 6(b) donde en lugar de puntos tenemos líneas que unen esos puntos. Ahora se puede ver mejor como ha evolucionado las ventas del comercio. Por último mira la Figura 6(c) en donde se puede ver un diagrama de barras. En este caso los ingresos al solaparse en parte con los gastos impiden ver correctamente estos gastos.

Por tanto no solo es importante elegir correctamente el tipo de gráfico a utilizar, sino que se debe tener en cuenta otros factores como el color, su opacidad o transparencia, el tipo de línea, etc.

Recomendaciones

Una imagen vale más que mil palabras, pero elegir el mejor gráfico en cada situación no es sencillo. En general se recomienda utilizar gráficos de barras para

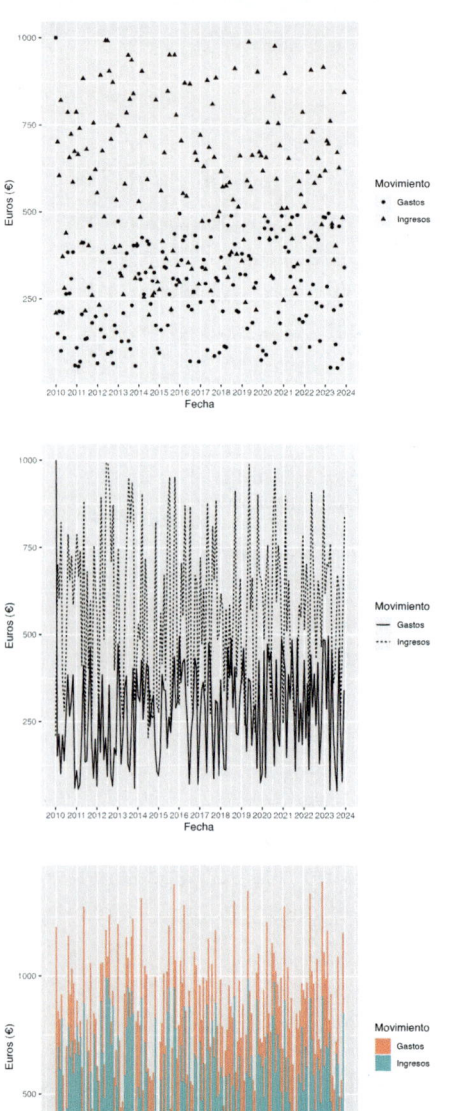

Figura 6. Datos de series temporales. (a) Diagrama de dispersión. (b) Diagrama de líneas. (c) Diagrama de barras.

comparar cantidades, gráficos de líneas para mostrar tendencias a lo largo del tiempo, y gráficos tipo tarta para representar proporciones (siempre y cuando estas sean pocas).

Los colores pueden realzar la visualización pero es crucial utilizaros de manera significativa. Los colores deben tener un propósito, como resaltar diferencias o categorías específicas. Considera también la psicología del color al elegir las paletas de colores. La psicología del color analiza los efectos que tienen los diferentes colores en la percepción de las personas y estudia como pueden influirles. Por ejemplo, un azul claro puede transmitir calma y tranquilidad, mientras que un rojo intenso suele asociarse con una alerta. Asimismo, evita el uso de colores que puedan distorsionar la percepción de la información. Por ejemplo, el uso excesivo de rojo puede hacer que los datos parezcan más intensos o extremos de lo que realmente son. Asegúrate de que los colores utilizados sean accesibles para todas las personas, incluyendo aquellas con problemas visuales, como el daltonismo.

Recuerda siempre colocar información básica en los ejes del gráfico para que se pueda interpretar sin problemas sin necesidad siquiera de leer el texto relacionado, los gráficos deben ser siempre auto-contenidos. ¿Quién dijo que la ciencia de datos no tenía una faceta artística? Comunicar es un arte y no sólo usando palabras sino también imágenes. No olvides que una buena visualización puede desvelar un problema en los datos, como sesgos o falta de información.

6. Sesgos en los Datos

Un buen científico de datos no debe dejarse engañar fácilmente. Se necesita ser muy observado y estar atento a cualquier situación que pueda afectar a nuestros datos. Por ejemplo, cuando se diseña un experimento es esencial asegurarse de minimizar posibles problemas a la hora de la recogida de datos. Los sesgos en los datos pueden surgir de diversas fuentes y afectar a la validez y objetividad de los resultados de nuestra investigación. Vemos algunos de los diferentes tipos de sesgos que pueden presentarse en nuestros datos (el último te sorprenderá):

• Sesgo de Muestreo: en estadística la palabra muestreo se refiere a la elección de un subconjunto representativo de elementos tomados de un grupo más grande, llamado población. La idea detrás de tomar una muestra es generar conclusiones sobre toda la población mediante el análisis de una porción más pequeña pero representativa de esa población. El sesgo de muestreo ocurre cuando la muestra seleccionada no refleja adecuadamente la diversidad de la población, lo cual puede llevar a conclusiones incorrectas. Un ejemplo sería realizar un encuesta sobre refrescos tomando como muestra de la población solamente a estudiantes universitarios, ignorando al resto de la población. Este sesgo de muestreo podría surgir debido a la elección selectiva de una sub-población, excluyendo a personas que no están actualmente en el sistema educativo superior.

• Sesgo de Selección: es un tipo de sesgo que ocurre cuando la selección de la muestra no es aleatoria o no representa adecuadamente a la población de interés. Un ejemplo de este tipo de sesgo podría ocurrir cuando queremos estudiar el rendimiento académico de los estudiantes de bachillerato. Si decidimos tomar la muestra únicamente de los estudiantes que asisten a las clases por la tarde podríamos introducir un sesgo de selección. Esto se debe a que los estudiantes que asisten a clases por la tarde pueden tener características diferentes a los que asisten por la mañana, como diferentes niveles de motivación, responsabilidades externas, etc. Es común confundir el sesgo de muestreo con el de selección. El sesgo de muestreo se relaciona con cómo se extrae la muestra de la población, mientras que el sesgo de selección se centra en cómo se eligen los elementos individuales dentro de esa muestra.

• Sesgo de Respuesta: se produce cuando las respuestas recopiladas están sesgadas debido a la forma en que se realiza la medición o la recopilación de datos.

Puede surgir por falta de participación, respuestas inexactas o influencia del entrevistador. Si, por ejemplo, estamos realizando una encuesta para recopilar datos sobre la satisfacción de los padres con el sistema educativo, es más probable que los padres que están más satisfechos o más involucrados en la educación de sus hijos contesten a esta encuesta en comparación con aquellos que están menos satisfechos o menos involucrados.

• Sesgo de Confirmación: surge cuando se busca, interpreta o recuerda información de una manera que confirma las creencias preexistentes o las expectativas propias ignorando información que podría contradecirlas. De esta forma le damos más peso a la información que respalda nuestras opiniones y pasamos por alto o minimizamos la información que va en contra de ellas. Como ejemplo, supongamos que asistimos a una cata a ciegas de refrescos en donde nos ponen dos vasos no etiquetados con dos refrescos de cola similares pero de distintas marcas. Es posible que percibamos el sabor de nuestro refresco favorito y, por tanto, le atribuyamos características superiores, incluso si las bebidas que nos presentan son idénticas. En este ejemplo, el sesgo de confirmación afecta la interpretación de la experiencia sensorial, ya que la persona está predispuesta a confirmar sus creencias previas en lugar de evaluar objetivamente los sabores de ambas bebidas.

• Sesgo de Medición: se produce cuando hay errores sistemáticos en la forma que medimos nuestros datos. Esto puede deberse a instrumentos de medición defectuosos, procedimientos inadecuados o falta de estandarización. Un ejemplo de este tipo de sesgo podría presentarse si al realizar un experimento que requiere medir el nivel de oxígeno en sangre. Si nos falla el dispositivo que utilizamos para recolectar estos datos y procedemos a reemplazarlo por otro más moderno, los datos recolectados con el primer dispositivo podrían tener menor precisión comparado con el nuevo dispositivo, e incluso podríamos haber recogido datos anómalos al usar un dispositivo que nos ha fallado.

• Sesgo de Selección de Tiempo: puede ocurrir cuando la duración de un estudio o la elección específica de un período de tiempo afecta los resultados. Si el período seleccionado no es representativo de la dinámica a largo plazo, puede llevar a conclusiones erróneas. Este sesgo puede surgir cuando la muestra no representa adecuadamente la población original debido a la exclusión de datos en función de cuándo ocurrieron ciertos eventos, como en días festivos. Un ejemplo de este tipo de sesgo podría producirse al realizar un estudio que evalúa la efectividad de un programa de entrenamiento en el rendimiento laboral de los empleados de una empresa. Supongamos que tenemos datos acumulados durante los últimos 5 años. Si durante ese lapso de tiempo algunos empleados dejaron la empresa podría afectar a la representatividad de la muestra y potencialmente sesgar las conclusiones del estudio.

• Sesgo de Causalidad: surge cuando se atribuyen causas a ciertos resultados sin considerar adecuadamente otros factores potenciales que podrían haber contribuido. Un ejemplo de este tipo de sesgo ocurre cuando un empleado de una empresa presenta una idea innovadora en una reunión de equipo, pero la idea no se lleva a cabo. Si otros miembros del equipo atribuyen el rechazo de la idea únicamente a la falta de interés de los directivos, podríamos observar un sesgo ya que los miembros del equipo no están considerando otras posibles razones para el rechazo de la idea, como restricciones presupuestarias, prioridades estratégicas o factores logísticos. Es importante no presuponer nada y basar todas las inferencias en los propios datos.

• Sesgo de Recuerdo: se refiere a la distorsión que puede ocurrir al recordar eventos o experiencias pasadas. La memoria puede ser influenciadas por diversos factores, como emociones, expectativas y el mismo paso del tiempo, lo que puede llevar a un recuerdo inexacto. Un ejemplo de este tipo de sesgo se presenta cuando se entrevista a varias personas que presenciaron un accidente de tráfico. Después de un tiempo, les pides que recuerden los detalles del evento y, a pesar de que todos estuvieron presentes en el mismo lugar y momento, es probable que cada persona recuerde ciertos aspectos de manera diferente.

• Sesgo de Supervivencia: es un tipo de sesgo que surge cuando los datos utilizados se ven afectados por el hecho de que sólo observamos aquellos elementos que han "sobrevivido" hasta el momento de la observación. Supongamos que estamos recabando información sobre la calidad de la fruta en un invernadero en base al tipo de suelo y condiciones ambientales como humedad y tiempo de exposición solar. Para ello medimos en nivel de azúcar presente en la fruta recolectada, pero no estamos teniendo en cuenta a las plantas que no han dado frutos o que no han prosperado.

Este listado de sesgos no está completo, existen muchos otros tales como el sesgo de confusión, el sesgo de género y el sesgo de publicación, entre otros. Sin embargo aquí se han presentado aquellos que son más habituales y significativos. Es crucial estar atento ante la posibilidad de que existan sesgos en nuestros datos al trabajar con ellos. Tenemos que admitir que algunos sesgos son más difíciles de evitar que otros, y en algunos casos se pueden aplicar técnicas para mitigar su impacto, como la selección cuidadosa de muestras, el control de variables, la validación de instrumentos de medición, etc. Por tanto, la consideración de sesgos es esencial para obtener una interpretación más precisa y confiable de los resultados obtenidos. Ten en cuenta que cualquier deducción que hagas estará basada en los datos que tengas y por tanto tiene que ser de la máxima calidad posible, sin ruido ni sesgos que puedan afectar al estudio.

7. Proyectos de Ciencia de Datos

¡Enhorabuena! Ya hemos aprendido un montón de cosas interesantes y casi estamos listos para adentrarnos en un nuestro primer Proyecto de Ciencia de Datos. Pero para ello primero debemos comprender que la ciencia de datos implica un proceso sistemático que abarca varios pasos, desde la identificación del problema hasta la comunicación de los resultados. Veamos qué pasos hay que seguir en el ciclo de vida de un Proyecto de Ciencia de Datos:

• Paso 1: *Comprensión del Problema.* Antes de ponerse manos a la obra, es absolutamente imprescindible comprender claramente el problema que se va a abordar y definir los objetivos del proyecto. Esto implica dejar claro qué preguntas queremos responder y qué problemas debemos resolver. Si nos saltamos este paso es altamente probable que al analizar nuestros datos nos demos cuenta de que se nos ha olvidado recoger información importante para nuestro análisis y debamos volver a repetir todo el proyecto con los nuevos datos.

• Paso 2: *Recopilación de Datos.* Una vez que sabemos lo que buscamos, necesitamos identificar y recopilar aquellos datos que son relevantes para nuestro proyecto. Para ello puede que necesitemos fusionar datos provenientes de diversas fuentes. Este es el punto donde tenemos que tener en cuenta los posibles sesgos que podría ocurrir a la hora de recoger los datos. Por ejemplo, si nuestra intención es utilizar una fuente de datos secundaria, necesitaremos, al menos, recoger el mismo tipo de información para poder integrarla. Por otro lado, si vamos a realizar encuestas y para ello contratamos a más de una persona, sería necesario formar a estas personas para reducir al mínimo la posible subjetividad a la hora de recoger información.

• Paso 3: *Análisis Exploratorio de Datos.* ¡Al fin contamos con datos! ¡Muchos datos! Es momento entonces de echarles un ojo. Intentaremos entender sus características y buscar la posible presencia de sesgos en ellos. Para ello utilizaremos estadísticas descriptivas (como las que ya hemos visto anteriormente), un buen sistema de visualización (que también hemos explorado) y otras técnicas estadísticas y/o computacionales que nos permitan identificar irregularidades o tendencias preliminares.

• Paso 4: *Pre-procesamiento de Datos.* Llegados a este paso ya hemos conseguido no sólo entender el problema a tratar, sino también tendremos una idea mucho más clara de cómo son los datos con que contamos. Es momento de "separar la paja del trigo". Para ello es necesario limpiar y preparar los datos para su análisis. Esto implica analizar valores atípicos, que pueden ser anomalías no deseadas o datos irrelevantes; manejar datos faltantes, simplemente eliminándolos o sustituyéndolos por ciertos valores que no afecten al estudio que vamos a realizar; normalizar variables, es decir, poner todos los valores de nuestros datos en un mismo rango de valores para que sean comparables entre sí (todo en euros, en centímetros, etc.); y realizar otras transformaciones necesarias para garantizar que nuestros datos tengan la mayor calidad posible. De hecho, la expresión *garbage in, garbage out* es un dicho común en ciencia de datos, indicando que la calidad de los resultados obtenidos depende directamente de la calidad de los datos que se ingresan. En español, la frase puede traducirse como "basura entra, basura sale". Si los datos de entrada son inexactos, sesgados o de baja calidad, los resultados producidos por el sistema también serán deficientes o poco confiables, por más avanzadas que sean las técnicas de aprendizaje automático que se utilicen para su estudio. No es de extrañar que este paso sea uno de los más importantes dentro de un proyecto de ciencia de datos y el que lleve más tiempo de realización. Aquí es donde utilizarás todas tus dotes detectivescas para descubrir posibles problemas e intentar reducirlos antes de pasar al siguiente paso.

• Paso 5: *Modelo de Datos.* Este es el paso en el proyecto en donde seleccionaremos el modelo de datos más adecuado para abordar el problema. En el ámbito de la ciencia de datos, un "modelo" se refiere a una representación simplificada de la realidad que ayuda a comprender, o incluso, a predecir fenómenos. Es una herramienta computacional que toma datos de entrada, realiza ciertos cálculos o procesos, y produce resultados que pueden ser interpretados o utilizados para hacer predicciones. Existen distintos tipos de modelos: modelos de regresión, cuando se quiere predecir por ejemplo el costo del aceite de oliva el año que viene; modelos de clasificación, cuando se quiere categorizar por ejemplo una imagen como la de una persona o una planta; y modelos de agrupación o clustering, cuando se quiere agrupar los datos en grupos cohesivos que presenten similitudes entre sí, como por ejemplo al dividir un conjunto de empresas por sectores. Este paso está estrechamente relacionado con el aprendizaje automático y hablaremos de estos tipos de modelos en breve, no desesperes.

• Paso 6: *Interpretación de Resultados.* Una vez que hemos procesado toda la información es esencial poder interpretar los resultados obtenidos en términos del problema original. Comprender la importancia de cada dato utilizado, analizar errores y validar que el modelo cumple con los objetivos definidos requiere conocimientos claros del problema a tratar y de las herramientas utilizadas en los pasos anteriores. Existen herramientas estadísticas que nos permiten confirmar que el conocimiento obtenido no es producto del azar.

Su uso no sólo es posible, sino también necesario para garantizar la confiabilidad en nuestros resultados. También debes estar atento al hecho de que si dos variables están correlacionadas entre sí, por ejemplo, cuando un valor aumenta, el otro también lo hace, no necesariamente se debe a que uno dependa directamente del otro: "correlación no implica causalidad". Esto último es un error muy común a la hora de interpretar los resultados y hay que estar atentos para no sacar conclusiones apresuradas.

• Paso 7: *Despliegue del Modelo.* En el ámbito científico un proyecto de ciencia de datos suele saltarse este paso. Sin embargo, si queremos que nuestro proyecto perdure en el tiempo y sea utilizado por otros usuarios, o por nosotros mismos más adelante con nuevos datos, es necesario que nuestro modelo aprendido esté a disposición de otros usuarios. Esto puede implicar la integración con sistemas ya existentes o la creación de un acceso sencillo al sistema que hemos montado, como ser una app o una aplicación web. También hay que tener en cuenta la necesidad de monitorear el rendimiento de nuestro modelo a lo largo del tiempo y realizar ajustes según sea necesario. El mantenimiento del modelo de datos creado requiere tiempo y dedicación. Si planteas un proyecto de ciencia de datos que perdure en el tiempo necesita valorar en el presupuesto inicial este mantenimiento.

• Paso 8: *Comunicación de los Resultados.* Un buen científico de datos debe tener habilidades de comunicación para poder enseñar los resultados y conclusiones del proyecto a las partes interesadas de manera clara y comprensible. Esto puede requerir la creación de informes, presentaciones o infografías para facilitar la toma de decisiones. Este es el momento en donde se destaca un buen detective de datos, cuando enseña sus conclusiones, las justifica y da ese clásico discurso final de película en donde se desvela finalmente el misterio.

Para finalizar esta descripción de los pasos más habituales en un proyecto de ciencia de datos, es importante aclarar que la ciencia de datos es un proceso

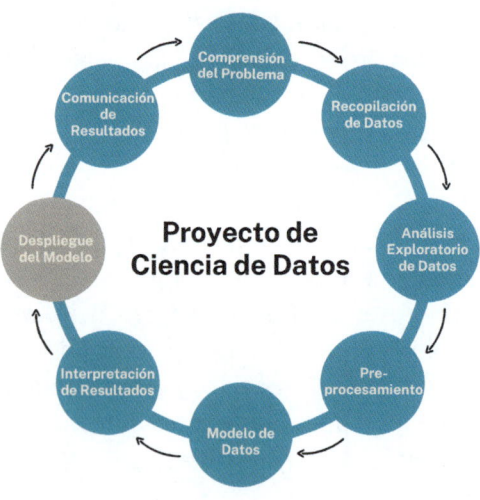

Figura 7. Proyecto de ciencia de datos.

iterativo (Figura 7) y, por tanto, los pasos anteriores deben actualizarse en respuesta a cambios en los datos (como podría ser una posible incorporación de una nueva fuente de datos) o en el entorno. La flexibilidad y la adaptabilidad son fundamentales en este proceso. Incluso, gracias a una primera iteración sobre el problema, puedes considerar cambiar el objetivo de tu estudio, es decir, utilizando los mismos datos, o incluyendo algunos otros, puedes plantear resolver otro problema que hayas visto que puede ser de más provecho que el que planteaste originalmente.

8. Modelos de Datos

Eʟ corazón de un proyecto de ciencia de datos recae en el modelo de datos utilizado. Es por ello que le dedicaremos una sección completa para explicar distintos modelos que se pueden utilizar para resolver distintos problemas. Recordemos que un modelo de datos no es otra cosa que una representación simplificada de la realidad. Estos modelos permiten, entre otras cosas, probar hipótesis, analizar similitudes y diferencias entre el conjunto de datos usado y obtener nuevo conocimiento a partir de esos datos. Básicamente, es una herramienta computacional que toma un conjunto de datos de entrada, realiza ciertos cálculos o procesos, y produce resultados que pueden ser interpretados o utilizados para hacer predicciones.

La elección, configuración, entrenamiento, ajuste y verificación de un modelo de datos no es tarea sencilla y, muchas veces, el éxito de un modelo o incluso el tiempo dedicado a todo este proceso depende de la experiencia de la persona que lo lleve a cabo.

El mundo de los modelos matemáticos y computacionales es gigantesco, hay para todos los gustos. Es por ello que en este apartado solo mencionaremos los más destacados. Si quieres ahondar más sobre el aprendizaje automático te recomiendo que leas el resto de cuadernillos de esta colección.

Pero empecemos por el principio, toma nota y no pierdas detalle. Existen distintos tipos de modelos: (1) modelos de regresión, cuando se quiere predecir, por ejemplo, el aumento del IPC para el año que viene en función de la economía actual; (2) modelos de clasificación, cuando se quiere categorizar, por ejemplo, si en una imagen hay o no una persona; y (3) modelos de agrupamiento o *clustering,* cuando se quiere agrupar los datos por sus similitudes, por ejemplo, al dividir un conjunto de estudiantes en grupos de estudio de acuerdo a sus intereses.

Un punto importante que mencionar es el hecho de que muchos de los algoritmos[7] que se usan para generar los modelos requieren de un entrenamiento con un conjunto de datos para que consiga aprender a realizar la tarea correctamente. Por tanto debemos separar del conjunto de datos original una parte para entrenar y otra parte o partes para verificar que el modelo sea capaz de producir resultados tan buenos, al menos, como los vistos durante el entrenamiento.

---

7.   Conjunto ordenado y finito de operaciones que permite hallar la solución a un problema.

Veamos cada uno de estos tres casos con más detalle. Los dos primeros caen en la categoría de Aprendizaje Supervisado, mientras que el último cae en la categoría de Aprendizaje No Supervisado (en breve comprenderás porque se le han dado esos nombres).

Regresión

La regresión es una herramienta usada para modelar la relación entre un dato específico (al que llamaremos variable dependiente) y uno o más datos (a los que llamaremos variables independientes). La variable dependiente puede tomar valores numéricos continuos que dependerán de las variables independientes. Por ejemplo, supongamos que queremos saber el precio de una vivienda en función de su tamaño en metros cuadrados (m^2). Tendríamos entonces una única variable independiente, los m^2, y la variable dependiente, su precio en euros. Un ejemplo algo más complejo sería poder deducir la nota de un estudiante (variable dependiente) a partir de dos variables independientes: las horas de estudio y la asistencia a clases. También se podría predecir un valor en base a una serie temporal. Por ejemplo, si tuviera como variables independientes los precios del aceite de oliva desde el año 1990 hasta el 2023, podríamos intentar predecir la variable dependiente, el precio del aceite de oliva del año 2024 en base a esos valores.

Existen muchos algoritmos de regresión que abarcan desde los métodos matemáticos más simples, como la regresión lineal, hasta enfoques más avanzados que utilizan técnicas de aprendizaje automático. La regresión lineal es uno de los métodos más básicos y ampliamente utilizados, adecuado cuando se asume una relación lineal entre las variables independientes y la variable dependiente. Para situaciones más complejas, los algoritmos de regresión no lineal son útiles para modelar relaciones no lineales entre variables. La regresión de bosques aleatorios (*Random Forest*) y la regresión de máquinas de vectores de soporte (SVM) son algoritmos de aprendizaje automático capaces de trabajar con la complejidad inherente a conjuntos de datos grandes y no les, proporcionando modelos más flexibles.

Por tanto, la elección del algoritmo de regresión depende de la naturaleza de los datos y la complejidad de la relación que se busca modelar. Cada algoritmo tiene sus fortalezas y limitaciones, y la selección adecuada contribuye a obtener modelos de regresión más precisos y eficientes.

Veamos brevemente como funciona el algoritmo más sencillo de todos los disponibles: la regresión l. Para ello, imagina que tienes un conjunto de datos con una variable independiente y una variable dependiente. El objetivo de la regresión lineal es encontrar la línea recta que mejor se ajuste a esos puntos. Supongamos el caso anteriormente comentado de predecir el precio de una vivienda en función de su tamaño en metros cuadrados.

El algoritmo de regresión lineal intenta encontrar los elementos que determinan la ecuación de una línea. La ecuación tiene la forma:

$$y = mx + b$$

donde:
- *y* es la variable que queremos predecir, la variable dependiente (en nuestro caso el costo en euros);
- *x* es la variable que estamos utilizando para la predicción, la variable independiente (en nuestro caso los m^2);
- *m* es la pendiente de la línea; y
- *b* es la intersección de la línea con el eje y.

Veamos qué es eso de la pendiente m y la intersección b de forma gráfica:

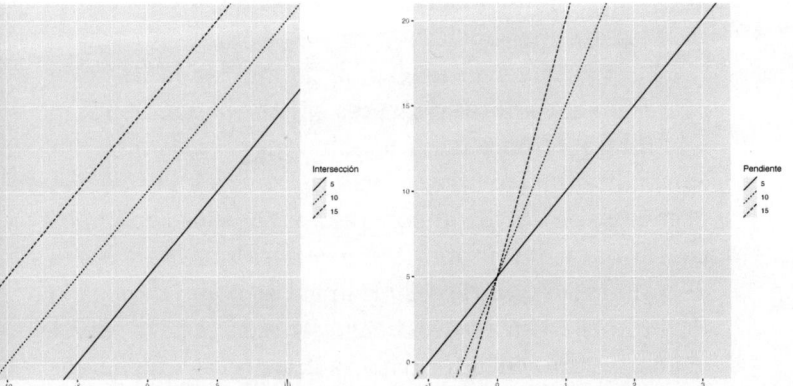

Figura 8. Ejemplos de líneas y = mx + b (a) con pendiente m=1 pero distinto valor de intersección b (5, 10, 15). (b) con valor de intersección b = 5 pero distinto valor de pendiente m (5, 10, 15).

En la Figura 8(a) puedes ver varias líneas rectas con pendiente m=1 y distintos valores de b (5, 10, 15). Al cambiar el valor de la intersección se puede ver como la misma línea sube o baja. En particular puede observarse como las líneas intersecan el eje x=0 en los valores de b (5, 10, 15) dados. En la Figura 8(b) puedes ver varias líneas rectas con b=5 y distintos valores de pendiente m (5, 10, 15). Puedes observar como la pendiente de la curva va cambiando y se hace más acusada a medida que m crece.

Ahora que entendemos como se expresa una línea recta podemos ver en la Figura 9(a) de manera gráfica el problema a resolver. Ahora bien, ¿cuál es la línea que mejor se ajusta a los datos mostrados? En la Figura 9(b) podemos ver una posible línea con m=100 y b=10.000. ¿Es esta la mejor opción?

Para resolver el problema de ajustar la línea de regresión a los datos debemos ajustar la pendiente m y la intersección b de la línea de manera de minimizar la diferencia entre los valores reales y los valores predichos. Una vez encontrada esta línea, podemos usarla para hacer predicciones para nuevos valores de x. Entonces, la regresión lineal es como dibujar la mejor línea recta a través de nuestros datos para prever el comportamiento futuro. Esa línea recta que hemos descubierto es el famoso modelo que mejor representa a todos los puntos de la gráfica.

Supongamos que conseguimos ajustar una línea a nuestros datos es la línea de la Figura 8(c) con valor m=190 y b=600. Ahora resulta que me llega el dato de

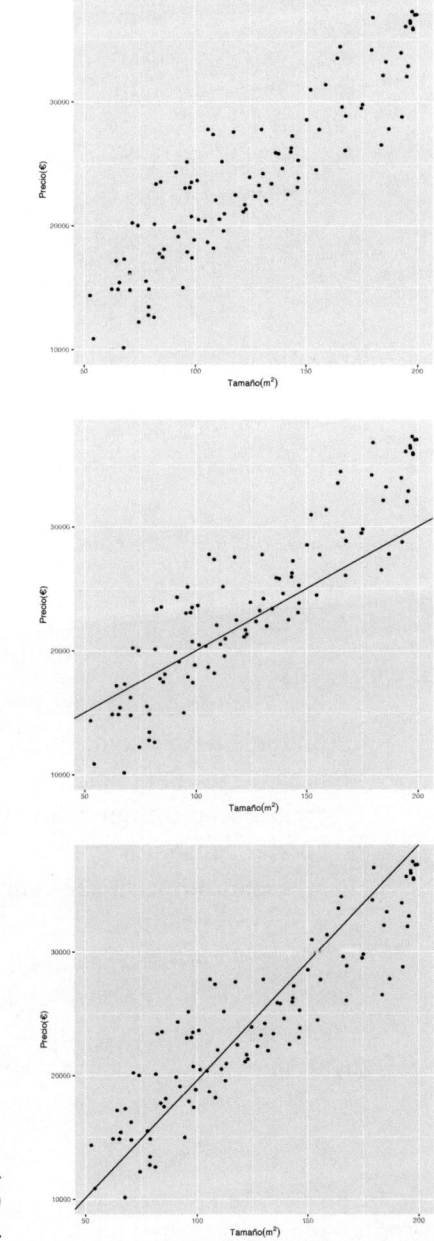

Figura 9. Regresión lineal.
(a) Nube de puntos. (b) y (c)
Posibles rectas de regresión.

una nueva vivienda. Supongamos que esta vivienda tiene 115 m^2. Para resolverlo reemplazo la x por este nuevo valor en la fórmula de la línea para obtener el precio estimado:

$$y = mx + b$$

Reemplazo m y b por los valores del ajuste de la línea a los datos:

$$y = 190x + 600$$

Por último reemplazo x por 115:

$$y = 190 * 115 + 600 = 22.450€$$

Este modelo de regresión es sencillo pero puede extenderse a un mayor número de variables independientes. Si usamos dos variables independientes, por ejemplo, tamaño en m^2 y la cantidad baños, tendríamos que poder conseguir obtener un plano, en lugar de una línea, que minimice la diferencia entre los valores reales y los valores predichos.

En muchos casos reales el conjunto de datos no se comporta de forma tan sencilla como siguiendo una tendencia lineal y, por tanto, es necesario utilizar otros algoritmos capaces de trabajar con sistemas no lineales como hemos comentado.

Clasificación

La clasificación es un tipo de problema que implica asignar una etiqueta o categoría a una observación basada en sus características. El objetivo es construir un modelo que pueda aprender patrones a partir de datos de entrenamiento y luego aplicar esos patrones para predecir la categoría de nuevas observaciones. El problema de clasificación tiene numerosas aplicaciones en la vida cotidiana, desde la detección de spam en correos electrónicos hasta el reconocimiento de imágenes, diagnóstico médico, sistemas de recomendación y muchos más. La selección del modelo y su ajuste dependerá del contexto específico del problema y de las características de los datos disponibles.

Veamos un ejemplo sencillo usando el algoritmo de K-NN (*k nearest neighbor* o k vecinos más cercanos, en español). Este algoritmo se basa en la idea de que observaciones similares tendrán etiquetas o categorías similares. Supongamos que contamos con un conjunto de datos sobre comidas, como el que se muestra a continuación. En este conjunto de datos contamos la siguiente información: para cada ingrediente tenemos definido su nombre, su grado de dulzura (entre 0 y 10), su grado de crujiente (entre 0 y 10) y el tipo de comida que es: fruta, verdura o proteína. Esta última variable (la variable dependiente) es la correspondiente a la etiqueta que nos interesa predecir en base a las otras variables independientes.

Ingrediente	Grado de Dulzura	Grado de Crujiente	Tipo de Comida
Manzana	8	2	Fruta
Zanahoria	2	7	Verdura
Pollo	3	6	Proteína
Naranja	7	3	Fruta
Lechuga	1	4	Verdura
Tofu	2	5	Proteína
Fresa	9	2	Fruta
Espinaca	2	6	Verdura
Salmón	4	8	Proteína
Piña	9	3	Fruta

Como ya comentamos, los modelos de clasificación, en su mayoría, requieren una etapa de entrenamiento y otra posterior de prueba. En el caso del k-NN, la fase de entrenamiento es prácticamente nula, simplemente consiste en organizar los datos para realizar búsquedas de forma eficiente. Ahora bien, en la fase de prueba contamos con un nuevo ingrediente del cual desconocemos su tipo de comida y queremos predecirla. Por ejemplo nos llega el tomate:

Ingrediente	Grado de Dulzura	Grado de Crujiente	Tipo de Comida
Tomate	6	4	?

Para poder conseguir nuestro objetivo vamos a calcular la distancia entre el tomate y todos los ingredientes de nuestro conjunto de entrenamiento. El resultado de calcular la distancia euclídea se puede ver en la siguiente tabla:

Ingrediente	Distancia al tomate
Manzana	2,8
Zanahoria	5
Pollo	3,6
Naranja	1,4
Lechuga	5
Tofu	4,1
Fresa	3,6
Espinaca	4,5
Salmón	4,5
Piña	3,2

Veamos como hemos calculado estas distancia con el ejemplo de la manzana. Para ello usaremos la distancia euclídea, la cual se define, en nuestro ejemplo, como la raíz cuadrada de las diferencias al cuadrado entre los atributos de cada elemento. En nuestro caso usaremos los atributos de grado de dulzura y grado de crujiente:

$$\overline{(dulzura\_manzana - dulzura\_tomate)^2 + (crujiente\_manzana - crujiente\_tomate)^2} = \sqrt{(8-6)^2 + (2-4)^2} = \sqrt{2^2 + (-2)^2} = \sqrt{4+4} = \sqrt{8}$$

Teniendo todas las distancias podemos calcular el k vecino más cercano sin problemas. Supongamos que usamos k = 1. El vecino más cercano al tomate es aquel con menor distancia, es decir, la naranja. Si usamos k=3 los vecinos más cercanos son la naranja, la manzana y la piña. Para decidir cual es el tipo de alimento del tomate tenemos en cuenta las clasificaciones de sus vecinos. En el caso de k=1, la naranja es una fruta, por tanto el tomate se etiqueta como tal. En el caso de k=3 sucede que son todas frutas, por tanto el tomate se etiqueta como tal. En el caso de tener distintos tipos de comida entre los k vecinos más cercanos se toma el tipo de comida mayoritaria.

Por supuesto existen muchos más algoritmos de clasificación disponibles, como los árboles de decisión o los clasificadores bayesianos, pero el k-NN puede ser muy útil para conjuntos de datos pequeños.

Agrupamiento

El tercer tipo de modelo que podemos crear es muy diferente a los dos anteriores. Se trata de un modelo que permite agrupar un conjunto de datos en base a sus características. Imagina por ejemplo que entras en un gimnasio. Rápidamente (y casi sin querer) puedes agrupar a la gente (independientemente de su género) presente en: instructores, los "cachas", los que sólo van a ligar, los primerizos, etc. La agrupación que hagas puede ser completa, es decir, toda persona debe pertenecer a un grupo necesariamente, o incompleta si esto no se cumple. También puede ser una agrupación solapada, es decir, puede haber alguna persona que pertenezca a más de un grupo, o disjunta si esto no sucede. Podría haber también una jerarquía entre los distintos grupos, es decir, un grupo o grupos específicos como parte de un grupo más general. Para comprender los modelos de agrupamiento o *clustering* estudiemos un ejemplo sencillo.

Supongamos que tenemos el conjunto de datos anterior de los tipos de comida, pero sin contar con la columna correspondiente al tipo de comida. Es decir, tenemos un conjunto de datos como el siguiente:

Ingrediente	Grado de Dulzura	Grado de Crujiente
Manzana	8	2
Zanahoria	2	7
Pollo	3	6
Naranja	7	3
Lechuga	1	4
Tofu	2	5
Fresa	9	2
Espinaca	2	6
Salmón	4	8
Piña	9	3

Ya no nos interesa predecir una cierta clasificación, por tanto prescindimos de la variable de supervisión, la del tipo de comida (de ahí la diferencia entre algoritmos supervisados y no supervisados). Nuestra intención es dividir este conjunto de datos en 3 partes. ¿Crees que coincidirán con las tres divisiones de antes (Fruta, Verdura, Proteína)? Para ello usaremos un nuevo algoritmo llamado *k-means* o k-medias, usando k=3.

Veamos primero cual es el espacio de búsqueda o espacio de trabajo de nuestro algoritmo en la Figura 10(a). Parecería haber dos grupos bien distintos. Intentemos agrupar los datos en 3 partes, por tanto, como primer paso vamos a colocar tantos puntos aleatorios como k tengamos, en nuestro caso 3 (Figura 10(b)). A estos nuevos puntos los llamaremos centroides. Ya estamos listos para comenzar a definir nuestros k grupos. Lo que hacemos es decidir que puntos corresponden a cada centroide, calculando su distancia euclídea. Para cada punto lo adjudicamos a aquel centroide más cercano

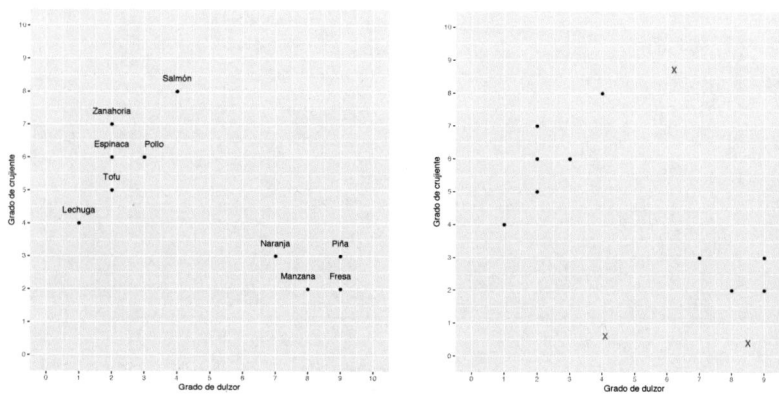

Figura 10: (a) Espacio de búsqueda. (b) Centroides iniciales.

como se puede ver en la Figura 11(a). Ahora calculamos para cada grupo que hemos definido un punto equidistante y moveremos el centroide a esa posición como puede verse en la Figura 11(b). En el siguiente paso vuelvo a hacer el mismo proceso consistente en ver a que grupo pertenece cada centroide y reajusto el centroide, hasta que los centroides no cambian de posición al recalcularlos. En nuestra segunda iteración entonces volvemos a asignar cada datos de nuestro conjunto de datos con respecto al nuevo centroide. En nuestro caso no hay ningún cambio, pero tanto la posición de los centroides no cambia y finalizamos el procedimiento.

El algoritmo k-medias ha encontrado los 3 grupos que mejor describen al conjunto de datos. Veamos ahora si coincide con el etiquetado de tipo de comida realizado manualmente. La respuesta la encontramos en la

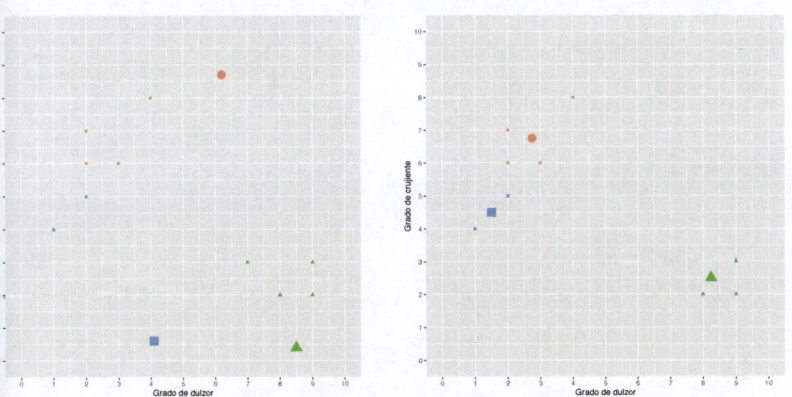

Figura 11: Primera iteración: (a) Calculo pertenencia a cada grupo.
(b) Recalculo centroides.

Figura 12. Se puede ver como el grupo de las frutas está perfectamente identificado, mientras que las proteínas y las verduras se entremezclan entre sí. Esto no significa que el algoritmo que hemos usado sea malo, sino que puede que nuestro conjunto de datos sea demasiado pequeño, esté sesgado, o simplemente resulta que saber el dulzor y el crujiente no es suficiente para distinguir una proteína de una verdura.

Se que esta sección al principio puede ser algo desafiante para aquellos que no han tenido contacto con la programación o con la informática en general. Por

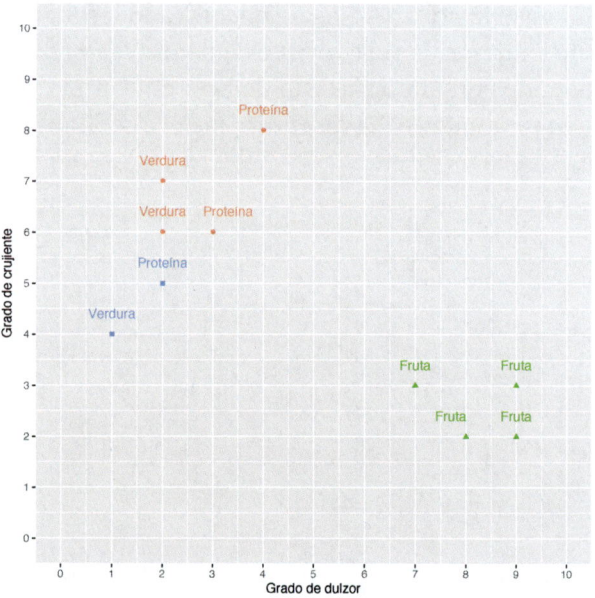

Figura 12. Etiquetado final del conjunto de datos.

suerte existen herramientas que permiten utilizar estos algoritmos sin necesidad de escribir ni una sola línea de código. Pero no nos adelantemos que aun hay muchas más cosas que aprender. Pero antes de que te pongas manos a la obra veamos algunos posibles aplicaciones de ciencia de datos que puedes usar de inspiración.

9. Aplicaciones

Bᴜᴇɴᴏ, bueno, bueno, ya te veo con ganas de empezar a aplicar tus nuevos conocimientos a cualquier conjunto de datos que se cruce en tu camino. Pero antes veamos algunas de las aplicaciones más comunes en donde se utiliza la ciencia de datos, por si te sirve de punto de partida. Verás que su uso va más allá de analizar el clima o las ventas de una empresa.

Como ya hemos mencionado, la ciencia de datos sirve para analizar, interpretar y extraer conocimiento valioso a partir de conjuntos de datos. Este conocimiento puede ser útil a la hora de tomar de decisiones, realizar predicciones, descubrir patrones o tendencias ocultas en los datos. A continuación te presento algunas de las posibles aplicaciones de la ciencia de datos:

• Tᴏᴍᴀ ᴅᴇ Dᴇᴄɪsɪᴏɴᴇs: la ciencia de datos se utiliza en entornos empresariales para analizar datos relacionados con operaciones, ventas, marketing y finanzas. Esto ayuda a las empresas a tomar decisiones informadas. Para que veas lo extendida que está la ciencia de datos en nuestra industria te comento que existe software específico para inteligencia empresarial dentro de la categoría de Sistemas de Información para la Toma de Decisiones, es decir, paquetes de programas informáticos de ciencia de datos específico para empresas.

• Predicciones: utilizando técnicas de aprendizaje automático es posible prever eventos futuros, como la demanda de productos, el comportamiento del mercado o el rendimiento de una campaña de marketing. Las predicciones pueden ser una valiosa herramienta para una empresa a la hora de comprender el mercado y tomar decisiones estratégicas.

• Medicina y Ciencias de la Salud: la ciencia de datos está revolucionando este campo de estudio, permitiendo analizar grandes cantidades de datos clínicos con el objetivo de mejorar el diagnóstico, el tratamiento y la prevención de enfermedades. Estos avances están permitiendo la personalización de tratamientos médicos, consiguiendo mejorar la eficacia y la seguridad de los tratamientos adaptándolos a las necesidades individuales de los pacientes, reduciendo el riesgo de efectos secundarios y aumentando las posibilidades de que el tratamiento sea exitoso.

• Análisis de Redes Sociales: aquí la ciencia de datos se emplea para analizar patrones y comportamientos, lo que puede ser valioso para comprender la opinión pública, dirigir campañas de marketing, incluso prevenir la desinformación o detectar *cyberbullying*. La información en redes sociales tiene ciertas particularidades que la hacen especial, empezando por el hecho de que los datos provenientes de redes sociales son no estructurados y, en muchas ocasiones, requiere la fusión de distintas fuentes de información para tener una visión global. Es todo un desafío para los científicos de datos y queda aún hay mucho que investigar en este área.

• INVESTIGACIÓN CIENTÍFICA: gracias a la ciencia de datos los científicos de datos pueden utilizar sus habilidades para analizar grandes cantidades de datos experimentales, formular nuevas hipótesis y comprender mejor el mundo que nos rodea. Incluso es posible utilizar técnicas de simulación para modelar sistemas complejos (como pueden ser el clima, el cerebro humano o la economía global) lo que permite comprender mejor su comportamiento y realizar experimentos que no serían posibles o serían muy costosos en el mundo real. Por ejemplo, en el campo de la física, se utilizan técnicas de análisis de datos para identificar nuevas partículas subatómicas; y en bioquímica se utilizan técnicas de simulación para diseñar nuevos medicamentos.

• PREVENCIÓN DEL FRAUDE: en el mercado financiero la ciencia de datos se utiliza para el análisis de riesgos, predicción de tendencias del mercado o la toma de decisiones en inversiones, como ya hemos comentado. De hecho, mediante un análisis de los datos cuidadoso es posible detectar fraudes. Como ya sabemos, los fraudes pueden causar pérdidas significativas a las empresas y los inversores, por lo que es importante contar con herramientas eficaces para su detección y prevención. Por ejemplo, se pueden utilizar técnicas de aprendizaje automático para identificar transacciones inusuales o sospechosas mediante el análisis de aquellos factores que aumentan el riesgo de que se produzca. Toda este nuevo conocimiento puede utilizarse para desarrollar nuevas políticas y procedimientos para la prevención del fraude.

• Personalización y Recomendaciones: las plataformas en línea utilizan herramientas de ciencia de datos para personalizar recomendaciones de productos, servicios o contenido, basadas en el comportamiento y preferencias del usuario. Los sistemas de recomendación son una herramienta poderosa que puede ayudar a las empresas a aumentar las ventas, mejorar la satisfacción del cliente y aumentar el *engagement*[8]. Estos sistemas utilizan técnicas de aprendizaje automático para identificar patrones y tendencias en el comportamiento del usuario, y luego utilizan esta información para generar recomendaciones personalizadas. Este tipo de sistemas no sólo es utilizado en plataformas digitales de entretenimiento, sino también en plataformas de comercio electrónico para sugerir productos a comprar, en redes sociales para sugerir vídeos que ver o usuarios que seguir, e incluso en plataformas educativas para sugerir ejercicios que realizar o temas nuevos que estudiar.

• Ciudades Inteligentes: en este campo la ciencia de datos y el IoT (Internet de las Cosas) se combinan para mejorar la eficiencia y la sostenibilidad de las ciudades. El IoT permite a las ciudades recopilar datos de diver-

---

8. Nivel de participación que tienen los usuarios con una plataforma o aplicación.

sas fuentes, como sensores, cámaras y/o dispositivos móviles. Gracias a toda esta información recolectada, incluso en tiempo real, es posible optimizar la gestión de recursos en entornos urbanos, utilizando la información recolectada para mejorar el tráfico, la seguridad o la gestión de residuos.

¿Las conocías todas? ¿Se te ocurren otras nuevas? Cada día se ven nuevas aplicaciones para la ciencia de datos, algunas exclusivamente en el entorno empresarial, pero muchas otras en un entorno más hogareño. Y eso es justamente lo que te propongo en la próxima sección. ¡Manos a los... datos!

10. ¡Quiero ser un científico de datos!

Ya tenemos un panorama completo de lo que es la ciencia de datos y como se puede aplicar en distintos dominios. Estamos ya listos para llevar a cabo nuestro propio proyecto de Ciencia de Datos. ¡Qué emoción! ¿Preparado?

Como ejercicio nos plantearemos analizar los gastos mensuales y nuestro presupuesto familiar. Para ello seguiremos los pasos de un proyecto de ciencia de datos, desde el principio al final. Por tanto lo primero que haremos es definir claramente nuestro objetivo:

"Analizar los gastos mensuales de nuestro hogar para entender mejor los patrones de gasto y mejorar la gestión financiera"

Este proyecto te proporcionará una visión detallada de tus hábitos de gasto y te permitirá tomar decisiones informadas sobre cómo administrar tus finanzas. Además, te ayudará a ajustar el presupuesto familiar y poner metas financieras para mejorar la estabilidad económica del hogar.

¡Comencemos!

PASO 1: *Comprensión de Problema.* Lo primero que debemos hacer es averiguar que elementos necesitamos saber para analizar qué y cómo influyen en las finanzas de nuestro hogar. Deberemos intentar responder a preguntas como las siguientes:

- ¿Cuáles son los gastos mensuales de nuestro hogar?
- ¿Cuáles son los gastos fijos y cuáles varían mes a mes?
- ¿En qué momento del mes o del año se producen más gastos?
- ¿Quienes realizan los gastos e ingresos?
- ¿Contamos con alguna inversión bancaria?
- ¿Existen factores psicológicos o emocionales que influyan en los gastos?
- ¿Cuánto gastamos en cada categoría?
- ¿Cómo se comparan nuestros gastos con los de otros hogares similares?
- ¿Hay algún gasto que podamos reducir o eliminar?
- ¿Hay algún gasto que podamos posponer?

Debemos tener en claro qué preguntas queremos responder para no dejar fuera de nuestro estudio datos que nos puedan llegar a ser útiles. Puedes incluso realizar alguna encuesta entre los miembros de la familia, lo cual puede ayudarte a entender sus prioridades y necesidades financieras.

PASO 2: *Recopilación de Datos.* Necesitarás recopilar mucha información y para ello deberías registrar los hábitos de compra y los gastos que se realizan, así como los distintos ingresos con los que cuenta la familia. Toda esta información puede ayudarte a identificar patrones de gasto y áreas de oportunidad para ahorrar dinero. Para recoger todo esta gran cantidad de datos puedes utilizar una aplicación de seguimiento de gastos o una simple hoja de cálculo. Recuerda que hay muchas maneras de recopilar datos, como a través de encuestas, cuestionarios, registros o incluso sensores. No olvides de incorporar también los datos de los ingresos, no sólo los gastos. Esta información podrá ayudarte a ponderar si el gasto familiar es razonable o estáis viviendo por encima de vuestras posibilidades. Categoriza adicionalmente los gastos en áreas como alimentos, vivienda, transporte, entretenimiento, etc. Incluso puedes llevar un diario de gastos, es decir, no solo el monto gastado sino también alguna etiqueta extra que pueda ser útil, como pueden ser: capricho, necesidad, aprovechando una oferta, etc. Esto nos puede ayudar a comprender las distintas situaciones que nos llevan a gastar dinero. Recuerda tener en cuenta los posibles sesgos a la hora de recoger los datos necesarios. Cuanta mayor calidad tengan los datos, más sencillo nos será llegar a conclusiones relevantes y útiles para nuestra familia.

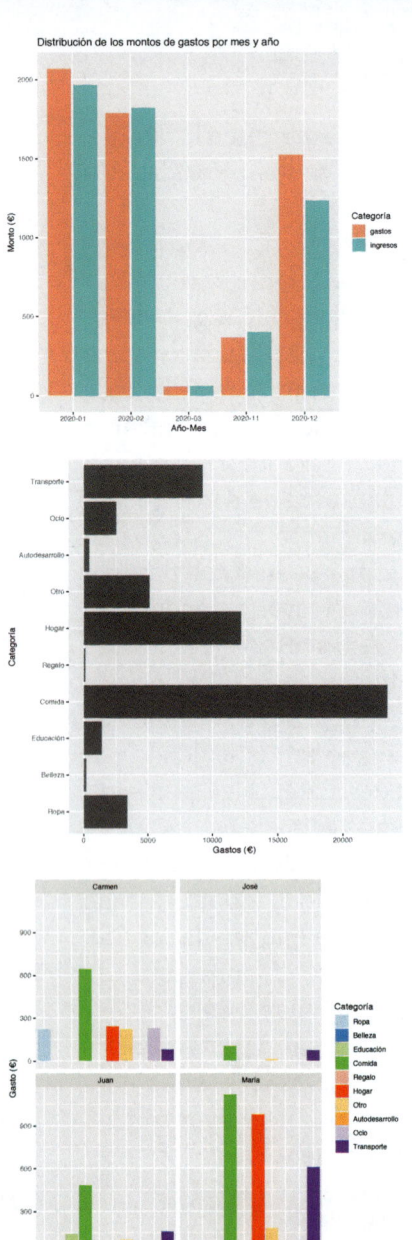

Figura 13. Gráficos asociados al proyecto de ciencia de datos sobre economía familiar.

PASO 3: *Análisis Exploratorio de Datos.* Una vez recogidos todos los datos necesitamos analizarlos de forma rápida para asegurarnos de que tienen la calidad suficiente para ser utilizados en pasos posteriores. Para ello lo mejor es hacer algunos gráficos para tener un panorama rápido de los ingresos y gastos. Para ello podemos utilizar una hoja de cálculo sencilla de nuestro paquete de ofimática favorito. A partir de esta visualización podemos hacernos a la idea de la situación económica pasada y presente. En la Figura 13 te muestro algunos gráficos que podrían ser interesantes para que realices con tus propios datos.

PASO 4: *Pre-procesamiento de Datos.* Es posible que cada componente de nuestra familia haya registrado sus propios datos. Por ello puede que aparezcan algunos sesgos en los datos o que tengamos que normalizarlos, es decir, ponerlos en un mismo rango de valores para poder trabajar con todos de forma uniformada (puede que alguien lo haya registrado en dólares y otra persona en euros, o bien de alguno de a cientos o miles). Para saberlo podemos realizar algunos gráficos comparativos para cada persona y ver si hay algo que nos llame la atención. Podría pasar que alguien no haya tenido en cuenta las comisiones bancarias de la tarjeta que ha usado en un viaje al exterior, que haya olvidado registrar algún gasto sin querer (sesgo del recuerdo) o incluso ¡queriendo! También puede suceder que hayamos recopilado la información a través de una encuesta *on-line* que algún "manitas" informático de la familia haya montado. En ese caso hay que tener cuidado con el sesgo de respuesta en caso de personas mayores o que no les guste o no les funcione correctamente la herramienta de toma de datos utilizada un día puntual y que pase luego de registrar la información. También podemos tener un problema de balanceo, teniendo más niños que adultos o viceversa. En ese caso podríamos prescindir de algunas personas en nuestro estudio si fuera necesario para que una porción de nuestra muestra no predomine y afecte al análisis global. Por todo ello es posible que debamos eliminar algún datos discordante que pueda afectar al estudio o tengamos que completar algunos datos faltantes con valores razonables que no afecten negativamente a nuestro estudio (el típico "pasé por el super y compré algunas cosas pero no recuerdo cuanto pagué, sobre unos 5€...", o bien "te compré un regalo pero no pienso decirte cuanto gasté...").

PASO 5: *Modelo*. Ahora que ya tenemos todos nuestros datos organizados y hemos hecho todo lo posible porque sean de buena calidad, es el momento de sacarle todo el jugo. Para ello debemos recordar cuál es nuestro objetivo de análisis. ¿Nos interesa predecir el gasto futuro? ¿Queremos averiguar quien gasta más? ¿Sería útil dividir a la familia en grupos según su perfil de ingresos y gastos? Dependiendo de lo necesitemos puede que sea necesario usar un modelo de regresión, de clasificación o de agrupamiento. Pero ten en cuenta que muchas de las preguntas que nos podemos llegar a hacer se pueden responder fácilmente realizando una buena gráfica o un análisis mediante un sencillo test estadístico... no todo en el mundo de la ciencia de datos tiene porque llevar la etiqueta de "inteligencia artificial". Por ejemplo, puedes buscar tendencias mensuales: ¿hay meses en los que los gastos son más altos o más bajos? ¿existen categorías de gastos que tienden a variar más que otras? Esto se puede resolver proporcionando los gráficos adecuados.

Supongamos que nos gustaría poder dividir los gastos realizados en grupos distintos. Para ello podemos utilizar un modelo no supervisado, como el algoritmo k-medias que comentamos anteriormente. O por otro lado podríamos suponer que queremos clasificar los gastos en caprichos o necesidades. Para ello deberemos utilizar un modelo supervisado, y por tanto deberemos entrenarlo con un conjunto de datos etiquetados. Si hemos sido astutos y hemos incorporado un columna en nuestra tabla de datos que contenga esta información podremos hacerlo sin inconveniente. De no ser así deberemos dar un salto hacia atrás al Paso 2 (Recopilación de Datos) para conseguir esta información. En la Figura 14 puedes ver ejemplos de gráfico asociados a distintos modelos de datos.

PASO 6: *Interpretación de Resultados*. Este es el momento que estabas esperando para sacar todas tus dotes de detective de datos. Es momento de analizar los resultados obtenidos en el paso anterior y obtener nuevo conocimiento sobre el problema de estudio. En el caso de usar un modelo de agrupamiento: ¿cómo son los grupos obtenidos? ¿podrías etiquetarlos identificando que tienen en común cada grupo? ¿sientes que hay algún grupo poco cohesivo que tienen un batiburrillo de cosas? En este último caso es posible que al interpretar los resultados te des cuenta de que no puedes sacar nada en claro. Deberás entonces retroceder un paso y probar, por ejemplo, con un valor de k mayor en el algoritmo de k-medias. En el caso de usar un modelo supervisado: ¿cuán buena es la clasificación del modelo? ¿tiene sentido? ¿puedes comprender o te interesa saber por qué el algoritmo ha clasificado los datos de esa manera? En este último caso puede que una simple clasificación no sea suficiente y necesites saber cómo se ha hecho la clasificación para entender mejor el sistema. Puede que no te fíes de los resultados, y ¡bien que haces! Algunos modelos son como cajas negras, hacen muy bien su ta-

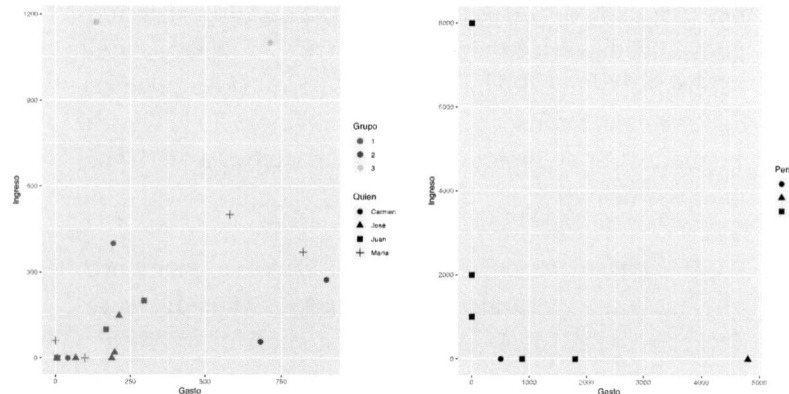

Figura 14. Gráficos del resultado de varios modelos de datos elegidos para el proyecto. (a) Agrupamiento mediante k-medias con k=3. (b) Predicción de quién ha realizado cada gasto.

rea pero no son capaces de indicarnos de forma clara para un ser humano cómo lo han hecho. Sin embargo hay otros que son cajas blancas y que te ayudan a poder interpretar mejor los resultados. Es posible que te interese volver un paso atrás y probar con otro modelo supervisado, que puede que clasifique un poco peor pero sea interpretable, como un árbol de decisión.

PASO 7: *Despliegue del Modelo.* En el caso de nuestro estudio, lo más probable es que no nos interese desplegar el modelo ya que no nos interesa volver a realizar el análisis cada vez que se incorpora un nuevo gasto o una nueva persona a nuestra familia, con lo cual nos podemos saltar este paso. En caso de que sí te interese tener el sistema siempre funcionando y recalcular los modelos de datos de tanto en tanto, deberías crear un sistema informático que sea capaz de llevar a cabo toda esta tarea de forma automática. No es sencillo y requiere de conocimientos de informática y programación, pero siempre puedes poner una alarma en el móvil o una nota en tu agenda que te recuerde de recalcular los modelos manualmente. Así puedes hacer balances mensuales o anuales fácilmente ya que tienes todos los paso probados y funcionando correctamente.

PASO 8: *Comunicación de Resultados.* Ya hemos terminado y es momento de reunir a la familia y comentar los resultados obtenidos. Con este nuevo conocimiento podemos sugerir un cambio en los hábitos de gasto con el fin de ahorrar para las próximas vacaciones.

Ten en cuenta que no toda tu familia tiene los mismos conocimientos que tú (aunque siempre puedes regalarle este cuadernillo), así que recuerda utilizar un lenguaje sencillo. El dinero es un tema de sumo cuidado en cualquier familia y puede que alguno o alguna se ponga a la defensiva cuando le muestres tus resultados. Intenta presentar los datos de una manera que sea más fácil de entender, utilizando gráficos y/o tablas que muestren la información de manera visual. Recuerda que "con la verdad no ofendo ni temo"[9].

¡Listo! Ya tienes en marcha tu primer proyecto de ciencia de datos. Este proyecto sirve como una introducción sencilla, pero puedes expandirlo agregando más datos, utilizando herramientas más avanzadas o explorando áreas específicas de interés. ¿Te ha gustado la experiencia? Pues si la respuesta es sí, puedes intentar otros proyectos:

- *Seguimiento personal de enfermedades:* Este proyecto de ciencia de datos puede ser muy útil para mejorar el control, por ejemplo, de la diabetes y reducir el riesgo de complicaciones. A través de este análisis puedes inferir qué situaciones producen desbalances en el nivel de azúcar y aprender a controlar aquellos factores que lo alteran.

9. José Gervasio Artigas, 1815.

- *Análisis de tus hábitos de ejercicio:* Puedes recopilar datos sobre tu actividad física, como la cantidad de pasos que das cada día o el tiempo que pasas haciendo ejercicio. Luego, puedes analizar estos datos para identificar grupos de ejercicios o las mejoras horas para realizar y así este conocimiento te ayudará a mantenerte en forma.

- *Seguimiento del Crecimiento de Plantas en casa:* Tener plantas en casa puede ser muy gratificante. Al recopilar datos sobre el crecimiento de tus plantas puedes aprender mucho sobre ellas y cómo cuidarlas mejor. Además de finalmente conseguir identificar al culpable de que muchas de ellas mueran...

- *Análisis de consumo de energía en el hogar:* Puedes recopilar datos sobre tu consumo de energía, como la cantidad de electricidad que usas cada día o la hora del día en la que más la usas. Gracias a esta información puedes identificar patrones y tendencias que te ayuden a ahorrar energía. Una vez finalizado tu análisis puedes cambiar de tarifa o de compañía energética según ésta coincida con tus patrones de consumo.

- *Análisis de tus hábitos de sueño:* Puedes recopilar datos sobre tu sueño, como la cantidad de horas que duermes cada noche o la calidad de tu sueño a través de pulseras inteligentes. Todos estos datos te permitirán descubrir qué factores te ayudan a dormir mejor, como cenar liviano o irse a dormir más temprano. Si tienes insomnio, puedes probar

distintos métodos para conciliar el sueño y ver
cual te resulta más efectivo a corto y largo plazo
utilizando los datos recopilados.

• *Análisis de tus hábitos de alimentación:* Puedes
recopilar datos sobre lo que comes, como las
calorías que consumes cada día o que tipos de
ingredientes usas en tu dieta. Tras analizar estos
datos podrás saber si llevas o no una dieta sana
e intentar adaptarla a tu día a día para poder así
comer de forma más saludable y sentirte mejor.

• *Predicción de un suceso:* A nivel doméstico podrías
recoger datos sobre el consumo indiscriminado
de tus galletas preferidas por parte de algún
miembro de tu familia o allegado, y utilizar esta
información para predecir cuándo sucederá el
próximo acto de glotonería e intentar descubrir
al culpable sin tener que estar vigilando el tarro
de galletas todo el día...

• *Análisis de tus redes sociales:* Si lo tuyo es ser *in-
fluencer,* puedes recopilar datos sobre tus interac-
ciones en las redes sociales, como las personas
con las que interactúas o los temas sobre los que
escribes. Conocer tu público te permitirá crear
contenido adaptado a él y monetizar mejor tus
vídeos. Puedes, por ejemplo, averiguar cuándo
es el mejor momento para publicar qué tipo de
vídeos o qué publicaciones le gustan a distintos
sectores de tu público.

Estos son sólo algunos ejemplos, pero hay muchos otros proyectos de ciencia de datos que puedes intentar. Lo importante es elegir un proyecto que te interese y que te motive. ¡Diviértete explorando tus propios datos!

11. Datos y ética

Si bien parece divertido jugar con los datos y averiguar qué es lo que esconden, es necesario tener cierto control sobre ellos. Podría ser peligroso, por ejemplo, que sea *vox populi* si un una persona tienen algún tipo de enfermedad, ya que una compañía aseguradora podría usar esta información, por ejemplo, para no concederle una hipoteca o un préstamo. Otro caso problemático podría surgir al utilizar un sistema de decisión automático para contratar gente en una empresa. Si este no tuviera supervisión humana podría suceder que, por ejemplo, en una empresa de informática nunca se contraten mujeres, sólo por el hecho de que al ser minoría hay muy pocos ejemplos en el conjunto de datos de entrenamiento utilizado por el sistema, produciendo por tanto un grave sesgo.

Otra característica de un buen detective es la de conocer y cumplir con la ley. En septiembre del 2023 entró en vigor la Ley Europea de Gobernanza del Dato. Se llama *gobernanza del dato* a los procesos y normas para la gestión efectiva de los datos a lo largo de su ciclo de vida, desde su recogida y almacenamiento hasta su uso y eliminación (Figura 15). Esta ley establece un marco para facilitar el acceso a los datos públicos y privados, respetando los derechos de los individuos y las empresas, a la vez que garantiza la protección de los datos personales, en línea con el Reglamento General de Protección de Datos que ya lleva unos cuantos años entre nosotros. Además, establece un marco de responsabilidad compartida entre los titulares de los datos, los procesadores de datos y las autoridades públicas.

Está ya más que claro, a esta altura, que la calidad del dato es esencial para tomar decisiones informadas

Figura 15. Ciclo del dato.

y poder así confiar en los resultados del análisis y procesos de toma de decisiones. Es por ello que la etapa de pre-procesamiento de un proyecto de ciencia de datos es tan importante. ¿Pero qué significa que un dato sea de calidad? Para ser considerado como un dato de calidad debe, como primer punto, asegurarse su integridad. Esto implica mantener la coherencia y la exactitud de los datos a lo largo del tiempo y en todas las fases de su ciclo de vida. Se busca, por tanto, prevenir la corrupción de los datos y garantizar que la información sea fidedigna. Por ejemplo, supongamos que tenemos en nuestro conjunto de datos la información de una persona que incluye, entre otros datos, su dirección postal. Imagina ahora que esa persona se muda de vivienda, entonces los datos recogidos no están actualizados y, por tanto, no son exactos. Otro ejemplo sería volver a incorporar a la base de datos a la misma persona pero con la dirección actual, produciendo una inconsistencia en el conjunto de datos.

Como segundo punto debemos también hablar de la seguridad del dato, ya que es fundamental para proteger la información sensible y confidencial. La gobernanza del dato establece políticas y procedimientos para gestionar el acceso a los datos, controlar la seguridad y prevenir la pérdida o el acceso no autorizado. Nota que no sólo mencionamos el evitar el acceso indebido a los datos, sino que también hablamos de la posibilidad de que los datos se pierdan, por ejemplo, por borrado accidental o intencionado, e incluso por problemas en los dispositivos físicos que guardan esta información.

Debemos entonces tener en cuenta procesos de copias de seguridad frecuentes para evitar problemas.

Como tercer punto hablaremos de las cuestiones de cumplimiento normativo, asegurando que la organización cumple con las leyes y regulaciones relacionadas con la privacidad, la seguridad y el manejo de los datos. Para ello se establecen roles y responsabilidades claras para aquellos que manejan y utilizan los datos. Dentro de una empresa se define quién es responsable de la calidad del dato, la seguridad y la toma de decisiones basada en datos. Puede haber una o más personas responsables, dependiendo de la organización y tamaño de la empresa. La gobernanza de datos requiere realizar cambios en los procesos y organización de una empresa, lo cual puede ser difícil de implementar, pero es algo muy importante si se quiere llevar a cabo proyectos en donde se utilicen datos.

Como ya hemos mencionado, es necesario gestionar el ciclo de vida completo de los datos, desde su creación hasta su eliminación. La creación de un fichero de datos y todas los procedimientos y políticas de privacidad es algo de lo que se suele comentar y no nos llama la atención. Pero no es común pensar en cómo debería ser la eliminación de los datos y cuándo debe realizarse. Así que nuestro cuarto punto habla sobre la eliminación de datos, una tarea importante que debe realizarse de forma segura. Al planificar la eliminación de datos, las organizaciones deben proteger la privacidad de los individuos evitando riesgos de seguridad. Algunas leyes y regulaciones pueden exigir a las organizaciones que eliminen los datos después de un período de tiempo determinado. Esta eliminación puede ser física, lógica o incluso una sencilla anonimización de los datos. La eliminación física elimina los datos de forma permanente, mientras que la eliminación lógica los marca como eliminados, pero los datos siguen existiendo en el almacenamiento, aunque no es sencillo llegar hasta ellos. La anonimización de datos es un método de eliminación de datos que consiste en sustituir la información que puede identificar a una persona o entidad por un código, por ejemplo, cambiar el DNI de una persona, conjuntamente con sus nombres y apellidos, por un código único.

Como quinto y último punto hablaremos de que la gobernanza del dato también aborda consideraciones éticas en el uso de datos, especialmente en situaciones donde los datos pueden afectar a las personas. Esto incluye la equidad y la no discriminación en el tratamiento de los datos. La equidad en el tratamiento de los datos significa que todas las personas deben ser tratadas de forma justa y equitativa, independientemente de su origen, raza, género, religión o cualquier otra condición. La no discriminación en el tratamiento de los datos significa que los datos no deben utilizarse para tomar decisiones que tengan un impacto negativo en los individuos o las comunidades. Obtener el consentimiento informado de las personas afectadas es una práctica ética en la gobernanza del dato. Las organizaciones deben comunicar claramente cómo se utilizarán los datos y obtener el consentimiento cuando sea necesario.

La implementación exitosa de la gobernanza del dato requiere un enfoque integral que involucre a todos los niveles de una organización y que garantice una cultura de datos sólida y responsable. Además, la gobernanza del dato es un proceso continuo que se adapta a medida que evolucionan las necesidades de la organización y cambian los contextos normativos y tecnológicos. Esto implica un análisis cuidadoso de cómo se recopilan, utilizan y aplican los datos para garantizar que no se perpetúen sesgos injustos o se discrimine. La gobernanza del dato busca proporcionar transparencia y visibilidad en torno a la procedencia de los datos, cómo se transforman y utilizan, y quién tiene acceso a ellos. Esto promueve la confianza en el uso de los datos gracias a contar con total transparencia sobre su almacenamiento, uso y eliminación.

12. Desafíos y limitaciones

Aunque la ciencia de datos es una herramienta poderosa y versátil, hay ciertos contextos en los que puede ser problemático el uso de este tipo de herramientas. A continuación veremos algunas consideraciones sobre dónde la ciencia de datos puede presentar algunas limitaciones o desafíos:

- *Falta de Datos de Calidad:* la calidad de los resultados obtenidos usando técnicas de ciencia de datos depende en gran medida de la calidad de los datos originales utilizados. Si los datos son incompletos, inexactos o sesgados, los resultados serán poco fiables. A veces es imposible conseguir suficientes datos con los cuales trabajar adecuadamente. Otra situación bastante frecuente es tener muchos datos pero de baja calidad, es decir, con muchos datos faltantes. Incluso se puede tener varias fuentes de información que, por la falta de algunos datos, no se puedan fusionar, impidiendo que se realice un estudio a gran escala.

Una posible razón podría estar relacionada con la privacidad de la información y la reticencia de la población a compartirla, especialmente en temas tan delicados como la salud o la religión.

- *Problemas de Privacidad:* la recopilación y el análisis de grandes cantidades de datos pueden plantear preocupaciones sobre la privacidad. Es fundamental garantizar que la ciencia de datos se utilice de manera responsable, respetando la privacidad de los individuos. En los últimos años se ha estado investigando sobre cómo poder utilizar los datos sin tener que poner su privacidad en riesgo. La solución en la que se ha estado trabajando consiste en no "prestar" los datos a un único agente encargado del proyecto de ciencia de datos, sino realizar la mayoría de los pasos del proyecto en el origen de los datos. De esta manera la privacidad y seguridad de los datos es preservada. Una vez que se aplica el modelo seleccionado para el proyecto, se envía al agente central toda la información sobre los distintos parámetros del modelo, pero no así los datos con que fue entrenado. A este sistema de aprendizaje distribuido se lo conoce con el nombre de Aprendizaje Federado y empezará a ser cada vez más popular en el futuro.

- **Falta de Contexto:** la ciencia de datos puede proporcionar respuestas precisas a preguntas específicas, pero a menudo carece del contexto necesario para comprender completamente las complejidades de un problema. Es aquí en donde la labor interdisciplinar del científico o científica de datos es imprescindible, así como también la comunicación con los expertos y expertas en el área de dominio del problema a tratar. Es de sabios saber cuando pedir ayuda y saber utilizar los recursos disponibles. Un buen detective necesita de buenos y buenas asesoras en su día a día.

- *Problemas de Costo y Recursos:* la implementación y el mantenimiento de soluciones de ciencia de datos, en particular las que se llevan a cabo en el Paso 6 comentado anteriormente, puede ser costosos en términos de recursos económicos y humanos. En algunos casos, puede no ser práctico o rentable montar un sistema complejo. El costo-beneficio de la implantación de un proyecto de ciencia de datos es algo a tener en cuenta desde el primer momento. No tiene sentido, por ejemplo, en nuestro ejercicio de gastos e ingresos, derrochar dinero en el desarrollo de una *App* para el móvil que recoja los datos si nuestra finalidad es mejorar el ahorro mensual de nuestra familia. Es mejor utilizar una simple tabla de datos en nuestro programa de ofimática favorito o una *App* de libre uso. Algo similar, pero a mayor escala, sucede en las empresas que quieren aplicar la ciencia de datos. Se debe estudiar a corto, medio y largo plazo la inversión realizada y prever los beneficios a obtener y el costo de mantenimiento para poder evaluar su implementación.

- *Ética y Sesgos:* la técnicas usadas en ciencia de datos pueden incorporar sesgos inherentes a los datos con que se trabajan. Si bien en algunos casos es posible reducir el impacto de los sesgos, hay momentos en que estos son inevitables. Esto puede resultar en decisiones discriminatorias o injustas. Es importante tener en cuenta el entorno humano que rodea al problema a tratar para así poder detectar situaciones poco éticas o uso sesgado de los datos en el desarrollo y la aplicación de modelos de datos. Es por todo ello que es necesario tener a cargo del sistema de ciencia de datos a una persona responsable que sea crítico con los resultados obtenidos. Si, estoy hablando de tí querido lector. Es tu responsabilidad asegurarte que todo el proceso de cada proyecto de ciencia de datos que realices no esté sesgado y que cumpla con los estándares éticos y legales.
- *Incertidumbre:* Algunos eventos son naturalmente difíciles de predecir, y las condiciones que rodean estos eventos pueden cambiar con el tiempo. Aunque la ciencia de datos hace su mejor esfuerzo para dar estimaciones y encontrar patrones claros, la incertidumbre siempre está presente. Es importante entender y aceptar que las cosas pueden cambiar, lo que nos ayuda a interpretar los resultados de manera más realista. A veces, la única cosa constante es que todo está en constante cambio. Recuerda que en muchas ocasiones existen variables o eventos que suceden y no que-

dan registrados en nuestros conjuntos de datos que pueden influir a la hora de predecir valores futuros. Hay que estar atentos a los resultados obtenidos para analizarlos en ese contexto y ver si son correctos y, en caso de no serlo, poder detectar que es lo que ha sucedido para poder realizar una nueva iteración en el ciclo del proyecto de ciencia de datos que solucione, aunque sea en parte, el problema.

• *Explicabilidad de los Modelos:* existen modelos de datos, especialmente aquellos dentro de la inteligencia artificial, que son extremadamente complejos y pueden ser difíciles de entender, siendo verdaderas cajas negras. Esto limita su aplicabilidad en situaciones donde se requiere transparencia y comprensión del proceso de toma de decisiones, como en temas de salud o seguridad. Imagina por un momento que se ha realizado un proyecto de ciencia de datos cuyo objetivo es categorizar a los empleados de una empresa según su desempeño profesional. Hasta ahí no parecería haber demasiados problemas, pero si este sistema se usa para despedir a varias personas por recortes de personal... ¿Cómo justificarías estos despidos? ¿Porque lo ha dicho el computador? Es necesario comprender como funcionan los sistemas implementados ya que es posible que el aprendizaje realizado esté sesgado o, simplemente, no sea correcto para los fines esperados. Podría pasar, por ejemplo, que los nuevos empleados tengan siempre una puntuación menor que los demás, sólo por el hecho de no tener mucha información (aún) sobre su desempeño en la empresa.

- *Correlación vs. Causalidad:* la ciencia de datos puede identificar relaciones entre diferentes datos o conjuntos de datos, llamadas correlaciones. Sin embargo, y a pesar de esta correlación, no siempre se puede establecer una relación causal entre los datos. Por ejemplo, podemos observar que cuando las personas llevan paraguas hay más ventas de helados. Podemos ver una correlación, pero no significa que llevar un paraguas cause que la gente compre helados. Es muy importante no equivocarnos pensando que una correlación automáticamente significa que una cosa causa la otra. La ciencia de datos nos ayuda a identificar conexiones, pero no siempre nos dice el porqué suceden las cosas de la manera en que lo hacen, esa labor recae en el científico o científica de datos. Justamente esa es la parte más entretenida y desafiante de llevar a cabo un proyecto de ciencia de datos.

13. El Futuro de la Ciencia de Datos

La ciencia de datos tiene un futuro muy prometedor ya que sigue evolucionando y desempeñando un papel cada vez más importante en cada vez más áreas de nuestra sociedad. Algunas tendencias y desarrollos clave que podríamos esperar en un futuro no muy lejano de la ciencia de datos incluyen:

- *Automatización Avanzada:* La automatización de procesos en la ciencia de datos seguirá creciendo. Herramientas y algoritmos más avanzados permitirán la automatización de tareas desde la limpieza de datos hasta la creación de modelos, lo que acelerará los proyectos y permitirá a los profesionales centrarse en tareas menos tediosas y más estratégicas. Además, se espera el desarrollo de nuevas técnicas de aprendizaje automático que permitirán a las organizaciones automatizar tareas y tomar decisiones más inteligentes. Aún así, todos los pasos de un proyecto de ciencia de datos debe de ser estudiados cuidadosamente por un responsable, ya que, aunque no lo creas, las máquinas también se "equivocan".

- *Inteligencia Artificial Explicable:* Comprender cómo toman decisiones los modelos utilizados en ciencia de datos es esencial, especialmente en áreas como la medicina, las finanzas o la toma de decisiones en situaciones críticas. Los modelos de inteligencia artificial se están volviendo cada vez más complejos, a la par que más precisos y eficientes. En muchas ocasiones, cuanto más complejo se vuelve un sistema más oscuro parece. Me estoy refiriendo a las cajas negras y cajas blancas, como ya hemos estudiado en secciones anteriores. Si un modelo de datos está basado en formulaciones matemáticas muy complejas o presenta muchas capas de procesamiento, es más que posible que sea imposible interpretar porqué dada una entrada de datos el sistema produce una cierta salida. Existe un área de estudio dentro de la inteligencia artificial que se dedica a proveer de explicaciones que un humano pueda comprender del comportamiento de estas cajas negras. Es un área de estudio relativamente moderna y aún queda mucho por investigar, pero está claro que tendrá un papel relevante en el futuro de la ciencia de datos.
- *Énfasis en la Ética y la Privacidad:* La ética en la ciencia de datos es y será un tema central e inevitable si se quiere poder confiar en las herramientas usadas, las cuales caen, en muchos casos, dentro

de la categoría de la inteligencia artificial. La creciente conciencia sobre la privacidad de los datos y el uso ético de la inteligencia artificial conducirá a prácticas más transparentes, responsables y centradas en el usuario. La nueva Ley de Inteligencia Artificial Europea, que entró en vigor el pasado 7 de julio del 2023, es un importante paso adelante en la regulación de esta tecnología. La ley tiene como objetivo promover una inteligencia artificial fiable y centrada en el ser humano, y garantizar un alto nivel de protección de los derechos fundamentales, la democracia y el medio ambiente. La ley establece un marco jurídico uniforme que clasifica los sistemas de inteligencia artificial según su nivel de riesgo. Los sistemas de alto riesgo, como los que se utilizan para la toma de decisiones automatizadas con un impacto significativo en los derechos fundamentales están sujetos a requisitos y obligaciones más estrictos. La ley también prohíbe algunos usos de esta tecnología que se consideran inaceptables, como los que implican la manipulación o la vigilancia masiva de las personas. Está claro que en el futuro se escribirán nuevas y mejores leyes para adaptarse a los avances tecnológicos y a sus posibles injerencias en la vida humana, que puede que en estos momentos nos parezcan impensables.

- *Edge Computing y Aprendizaje Federado:* El *edge computing* o computación de frontera es un modelo de computación distribuida en el que el procesamiento de datos se realiza cerca de la fuente de generación de datos, en lugar de depender de un centro de datos centralizado. En lugar de enviar todos los datos a un servidor remoto para su procesamiento, el *edge computing* realiza el procesamiento directamente en el lugar donde se generan los datos o en dispositivos cercanos. Esto permite que los dispositivos realicen tareas de procesamiento incluso cuando no están conectados a la red principal o a Internet. Otra ventaja es la reducción de la cantidad de datos que necesita ser transmitida, lo que disminuye la congestión y la carga en la infraestructura de red, ahorrando ancho de banda al procesar datos localmente, enviando sólo la información relevante o los resultados procesados a través de la red. También es ideal para aplicaciones que requieren respuestas en tiempo real, como el control de dispositivos del IoT, vehículos autónomos y sistemas de seguridad. En el caso del Aprendizaje Federado, los datos no se transfieren a un servidor central para su entrenamiento. En su lugar, los modelos de aprendizaje automático se entrenan localmente en los dispositivos de borde. Esto también reduce el riesgo de que los datos sensibles sean expuestos. Esta combinación de tecnologías ofrece por tanto grandes ventajas en términos de seguridad, privacidad y eficiencia.

- *Desinformación y bulos:* La ciencia de datos tiene el potencial de desempeñar un papel muy importante en la lucha contra la desinformación y los bulos. Las técnicas de ciencia de datos se pueden utilizar para detectar y mitigar la desinformación identificando estructuras gramaticales o narrativas características de la desinformación, analizando las redes sociales para identificar la propagación de la desinformación, e incluso un análisis de imágenes y vídeos pueden utilizarse para identificar elementos falsos o engañosos.

14. Recomendaciones finales

Hᴇᴍᴏs llegado al final de este recorrido por el mundo de la ciencia de datos. Espero que todo lo aprendido te haya resultado interesante y te sea útil en un futuro no muy lejano. Ya lo sabes, pero a medida que se generen más y más datos en el mundo, solamente el uso de herramientas como la ciencia de datos nos permitirá extraer nuevo conocimiento y tomar decisiones inteligentes. Las herramientas y técnicas de ciencia de datos están disponibles para una gama cada vez más amplia de usuarios, y tu eres ya uno de ellos. Hablamos de una democratización de la ciencia de datos, ciencia para todos y todas.

No me gustaría finalizar este texto sin dejarte algunas recomendaciones para mejorar y seguir creciendo como detective de datos. Primero y principal, necesitas tener una base sólida en estadística, ya que la ciencia de datos se basa enormemente en este área. Segundo, aprende sobre los diferentes modelos de datos, hay una amplia gama de técnicas disponibles, por lo que es importante conocer las distintas opciones, ventajas y desventajas, así como saber aplicarlas a diferentes problemas. Y finalmente, practica tus habilidades de visualización de datos. La visualización de datos es una herramienta esencial para comunicar los resultados, de nada sirve hacer un proyecto riguroso si luego no puedes enseñar y explicar tus hallazgos.

Recuerda practicar lo aprendido, pero comienza con proyectos pequeños y sencillos que te permitan practicar tus habilidades básicas. No intentes aprenderlo todo de una vez. Que no te de miedo cometer errores, lo importante es saber detectarlos y corregirlos. Nadie nace sabiéndolo todo. Y para finalizar te dejo en la siguiente sección una lista de recursos adicionales para proseguir con tu aprendizaje.

¡Buena suerte!

15. Recursos adicionales

Aquí te dejo algunos recursos adicionales que pueden ayudarte a aprender más sobre ciencia de datos:

BLOGS: Hay disponible una amplísima lista de blogs en diferentes idiomas y con contenido para distintos niveles, con y sin conocimientos de programación. A continuación unos pocos para empezar:

- *Towards Data Science* (https://towardsdatascience. com/): Este es mi blog favorito y es una gran fuente de tutoriales y guías paso a paso para científicos de datos de todos los niveles de experiencia. Está en inglés pero vale mucho la pena.
- El mundo de los datos (https://elmundodelosdatos.com/): Este blog es un excelente recurso para principiantes y está en español. Incluye artículos sobre conceptos básicos, herramientas y aplicaciones de la ciencia de datos.
- *Data Science Central* (https://www.datasciencecentral.com/): Este blog es una fuente de infor-

mación sobre ciencia de datos con artículos sobre una amplia gama de temas, desde los fundamentos hasta técnicas avanzadas. Está en inglés y recoge las últimas noticias en el área.

- Blog de Bayesana (https://anabelforte.com/blog-datos/): Es un blog de ciencia de datos en español y se centra en la difusión de la estadística, desde conceptos básicos hasta técnicas avanzadas.
- *Machine Learning Mastery* (https://machinelearningmastery.com/): Este blog brinda información sobre aprendizaje automático, con artículos sobre una amplia gama de temas, desde conceptos básicos hasta técnicas avanzadas. Está en inglés.
- *Data Science 101* (https://ryanswanstrom.com/datascience101/): Es un blog destinado para aquellos que quieran introducirse en el campo de la ciencia de datos y está en inglés.

LIBROS:
- "Introducción a la ciencia de datos" de Rafael A. Irizarry. Este libro en español está disponible en línea de manera gratuita[10]. Cubre conceptos de probabilidad, inferencia estadística, regresión lineal y aprendizaje automático. Además, enseña a programar en el lenguaje de programación R, uno de los más utilizados en ciencia de datos.

10.   https://rafalab.dfci.harvard.edu/dslibro/

- *"Doing Data Science"* de Cathy O'Neil y Rachel Schutt. Este libro está en inglés y tiene un poco de todo, desde visualización de datos, pasando por RRSS y modelado financiero. Ten en cuenta que requiere ciertos conocimientos básicos de matemática y estadística.
- *"Numsense! Data Science for the Layman: No Math Added"* de Annalyn Ng y Kenneth Soo. Este libro en inglés es lo que buscas si no quieres ver ni un ápice de matemáticas en el texto. Es ideal para principiantes y tiene muchos ejemplos para que puedas seguirlo sin problemas.
- *"Ethics and Data Science"* de Mike Loukides, Hilary Mason y DJ Patil. Este e-book en inglés es gratuito y trata específicamente de la ética en la ciencia de datos. Es corto pero aun así da pie a muchos otros recursos donde seguir aprendiendo.

CURSOS: Cuentas con cientos de cursos en plataformas de aprendizaje en línea tales como: edX, Udemy, Domestika, etc. Además, muchas universidades españolas cuentan con cursos propios sobre el tema que pueden cursarse en línea, algunos de ellos incluso son gratuitos. Solo tienes que buscar con las palabras clave "Ciencia de Datos" y ¡a estudiar!

PODCASTS: Si no quieres leer o no tienes tiempo, escuchar un *podcast* de camino al trabajo o a la escuela puede ser una buena opción.

- SintonIA: *Podcast* del Instituto DaSCI sobre ciencia de datos e inteligencia computacional. Está en español y trata de forma amena y divertida muchos temas relacionados con las distintas herramientas que se utilizan en ciencia de datos.

- *Big Data Radio Show*: Podcast en español que conjuga pequeñas píldoras de información que te dejan pensando en como la ciencia de datos y la inteligencia artificial afectan o afectarán nuestra sociedad con entrevistas a especialistas en distintas temáticas relacionadas.
- *Data Cast: Podcast* en español donde en cada episodio se discuten un tema relacionado con la ciencia de datos y/o la inteligencia artificial. Se abordan temas desde conceptos básicos hasta técnicas avanzadas.
- *Banana Data: Podcast* en inglés que comentan las últimas noticias en el ámbito de la ciencia de datos con temas muy diversos, desde la ética hasta la robótica.
- *Women in Data Science: Podcast* en inglés en donde mujeres de todo el mundo comentan sus investigaciones y experiencias en el área.

HERRAMIENTAS *NON-CODING*: Estas herramientas permiten a los usuarios realizar tareas de ciencia de datos sin necesidad de escribir ni una línea de código. Suelen utilizar interfaces gráficas o asistentes para simplificar todo el proceso. Tienen algunas desventajas claras, como ser menos flexibles o menos eficientes que realizar el proyecto a mano mediante un lenguaje de programación tradicional.

- *Orange Data Mining*: Esta es una herramienta de código abierto que proporciona una interfaz visual para tareas de minería de datos y aprendizaje automático. Permite a los usuarios explorar intuitivamente relaciones de datos complejas, mejorando la comprensión y el conocimiento sobre ellos.
- *Tableau*: Esta herramienta comercial se utiliza principalmente para la visualización de datos. Puede crear cuadros de mando e informes interactivos que ayuden a comprender los datos para tomar mejores decisiones.
- Trifacta: Esta herramienta ayuda en la limpieza de datos. Cuenta con una interfaz visual que facilita la identificación y solución de los problemas en los datos.
- *RapidMiner*: Esta herramienta comercial ofrece una amplia gama de funciones de preparación de datos, aprendizaje automático y despliegue de modelos. Es una buena opción para crear e implantar modelos de aprendizaje automático a gran escala.